菏泽市第三次水资源调查评价

吕胜国 李 岩 孟令杰 周 庆 编著

黄河水利出版社
·郑 州·

内 容 提 要

本书按照《全国水资源调查评价技术细则》的要求和规定，结合菏泽市实际情况，在充分利用已有资料、成果，并对水质进行补充监测的基础上，科学合理地划定了水资源评价分区，系统评价了全市降水量、蒸发量、地表水资源量、地下水资源量、水资源总量、水资源可利用量、地表水质量、地下水质量、水资源开发利用、污染物入河量、水生态状况等内容。本书采用资料翔实可靠、方法正确、成果合理，对菏泽市今后经济社会发展具有较强的指导作用。

本书可供水文、水资源管理工作者及水利技术人员阅读参考。

图书在版编目（CIP）数据

菏泽市第三次水资源调查评价 / 吕胜国等编著 . —郑州：黄河水利出版社，2020.9

ISBN 978-7-5509-2840-4

Ⅰ . ①菏…　Ⅱ . ①吕…　Ⅲ . ①水资源—资源质量—资源评价—菏泽　Ⅳ . ① TV211.1

中国版本图书馆 CIP 数据核字（2020）第 192068 号

组稿编辑：王路平　电话：0371-66022212　E-mail：hhslwlp@126.com

出 版 社：黄河水利出版社　网址：www.yrcp.com

地址：河南省郑州市顺河路黄委会综合楼 14 层　邮政编码：450003

发行单位：黄河水利出版社

发行部电话：0371－66026940、66020550、66028024、66022620（传真）

E-mail：hhslcbs@126.com

承印单位：山东水文印务有限公司

开本：787 mm × 1 092 mm　1/16

印张：8.25

字数：200 千字

版次：2020 年 9 月第 1 版　印次：2020 年 9 月第 1 次印刷

定价：70.00 元

前　言

一、项目背景

水资源调查评价是国家重大资源环境和国情国力调查评价的重要组成部分。按照水利部统一部署，山东省分别于20世纪80年代初、21世纪初相继开展了两次全省性水资源调查评价，在科学制订水资源规划、实施重大工程建设、加强水资源调度与管理、优化经济结构和产业布局等方面发挥了重要基础性作用。

上一轮全国水资源调查评价距今已经15年，为及时准确掌握我国水资源情势出现的新变化，更好地服务于经济社会发展，为贯彻落实中央新时期水利工作方针和2017年中央一号文件关于“实施第三次全国水资源调查评价”的有关部署，进一步摸清我国水资源家底和变化趋势，解决日趋严峻的水资源短缺、水生态损害、水环境污染等问题，适应新时期经济社会发展、生态文明建设和最严格水资源管理对水资源管控的要求，2017年3月，水利部、国家发展和改革委员会联合印发了《关于开展第三次全国水资源调查评价工作的通知》（水规计〔2017〕139号），分全国、流域和省级行政区三个层面启动调查评价工作；4月，水利部召开了第三次全国水资源调查评价工作启动视频会议，对第三次全国水资源调查评价工作进行了全面部署。

山东省水利厅、山东省发展和改革委员会《关于开展第三次山东省水资源调查评价工作的通知》（鲁水发规〔2017〕31号），要求开展以县套水资源四级区为基本单元的水资源调查评价，并以《关于成立第三次山东省水资源调查评价工作领导小组的通知》（鲁水人字〔2017〕22号）成立了领导小组和办公室，确立了省、市联合工作机制，各市水利局负责本行政区域水资源调查评价，山东省水文局作为总技术承担单位负责各市成果技术把关及全省成果协调、汇总工作。

菏泽市水利局《关于成立第三次菏泽市水资源调查评价工作领导小组的通知》（菏水〔2017〕132号），明确了领导小组职责、组成人员和工作机构，菏泽市水文局为菏泽市第三次水资源调查评价技术承担单位，负责人员培训、具体调查、成果汇总平衡以及报告编写等工作。菏泽市水文局高度重视，及时成立了地表水资源量、地下水资源量、水资源质量、水资源开发利用、入河污染物、水生态评价六个专题组，分工负责各专题具体工作。

二、工作过程

2017年11月3日山东省水利厅召开第三次山东省水资源调查评价部署视频会议。

2017年11月20～22日，山东省水利厅在济南市举办第三次山东省水资源调查评价培训班和技术工作会。《山东省第三次水资源调查评价技术细则》明确要求以县套水资源四级区为基本单元进行区域水资源评价、汇总与上报。

根据第三次山东省水资源调查评价工作总体安排，2017 年 12 月 26 ~ 27 日、2018 年 2 月 6 ~ 7 日、2018 年 3 月 22 ~ 23 日、2018 年 5 月 29 ~ 30 日、2018 年 11 月 8 ~ 9 日、2019 年 8 月 8 ~ 9 日，菏泽市水资源调查评价工作组参加了六次山东省水利厅在济南组织召开的第三次山东省水资源调查评价技术工作会及成果汇总会。主要整理复核已有的相关资料和成果，开展必要的补充监测；对有关数据进行合理性分析；按照统一技术要求和菏泽市实际情况进行评价工作；对数据进行合理性检验，提出了初步评价成果。菏泽市水资源调查评价涉及大批量数据的收集、整理和分析，不同行业和部门资料收集的难度和整理分析的复杂程度远超一般评价项目，加上菏泽市的项目确定日期较晚，第一次和第二次汇交进展落后于全省平均进度，菏泽市技术评价工作组在第三次资料汇交前连续封闭工作一个多月，赶上了全省的进度并有所超越，在全省第三、四、五次资料汇交会议纪要上，菏泽市的评价工作进展连续受到表扬。

各专题组在整个调查评价工作中，积极与省级专题工作组进行沟通，协调、衔接好本专题内部工作，同时加强相关专题间的合作与协调，确保评价各项工作保质保量，符合技术细则、规范要求。通过调查评价工作组共同努力，圆满完成了各项评价任务。

三、工作基础

本次水资源调查评价工作从全国、全省层面来说是第三次评价，对于菏泽市来说，由于历史等因素影响属于第一次评价，全市各县（区）的水资源数量、质量、开发利用量、污染物入河量和水生态等工作尚没有进行过系统评价。但《菏泽市年度用水总量监测报告》一直在进行监测和编制，技术路线、参数选取等基本一致。2017 年菏泽市水文局受菏泽市水利局委托完成了《山东省菏泽市县域水资源承载能力评价报告》，加之本次水资源调查评价工作的主要参与人员也参加了 2002 ~ 2003 年全省第二次水资源调查评价的重要技术性工作，具有充足的技术储备和工作基础。

四、主要工作内容及特点

（1）按照全国、全省统一要求，全市共划分 2 个水资源三级区、9 个行政分区、13 个水资源四级区套县级行政区、30 个地下水均衡计算区。

（2）本次水资源调查评价统一采用 1956 ~ 2016 年 61 年系列，对于实测径流已不能代表天然状况的水文站实测资料进行逐月、逐年还原计算，对径流还原计算水文站进行了天然径流系列的一致性分析，反映了近期下垫面条件下的天然河川径流量。逐年统计出入境水量，并分析其年际变化趋势和空间分布特征。在以往工作的基础上，对降水、蒸发、地表水资源量、地下水资源量和水资源总量进行了全面评价。

（3）考虑地下水补、排条件及地下水与地表水之间转化关系的变化，按近期下垫面条件（2001 ~ 2016 年）评价地下水资源量。并考虑人类活动影响，与第二次全省水资源调查评价成果相衔接等因素，在近期下垫面条件下，对 1980 ~ 2000 年地下水资源评价成果进行修正，形成 1980 ~ 2016 年多年平均地下水资源量，以进行对比分析。地下水资源量按水文地质单元进行计算，然后汇总到水资源区和行政区。

（4）为了更好地反映水资源总量的时空分布特征，分区计算了降水量、天然径流量、降水补给地下水量和水资源总量1956～2016年61年系列值和不同保证率的降水量、天然径流量、水资源总量。

（5）根据近期水质监测资料，对河流、水库、水功能区和地下水水质进行评价。地下水水质评价分类选用2015年、2016年22眼浅层地下水化学监测资料和2017年补充监测的74眼浅层地下水水质监测资料，重点评价矿化度$M \leqslant 2$ g/L的地下水资源量（其中$M \leqslant 1$ g/L的单列）。对矿化度$M>2$ g/L的地区，本次按照2 g/L$<M \leqslant 3$ g/L、3 g/L$<M \leqslant 5$ g/L、$M>5$ g/L三级划分，只评价地下水补给量，不作为地下水资源量。

（6）按照人口、资源、环境与社会经济协调、可持续发展的原则，综合考虑河川径流特征、地下水开采条件、生态环境保护要求及技术经济等因素，根据《全省水资源调查评价技术细则》计算地表水可利用量和地下水可开采量。

（7）对60多年来水资源数量和情势变化进行分析，对未来人类活动对水资源形成及转化的影响进行定性和定量相结合的分析。

（8）报告对11处主要地表水饮用水水源地水质单独进行评价。

（9）对地下水超采及引发的主要生态环境灾害情况进行调查核实。

（10）应用先进的计算机技术，自行引进和学习水资源评价软件，充分利用数据库资料，进行水文地质参数分析、图件绘制、水资源量的分析计算，大大提高了工作进度和成果精度。

（11）分别参加了六次全省的水文地质参数协调、成果图拼接、成果汇总、审查验收，编写了菏泽市地表水资源量评价专题报告（含水资源总量及可利用量）、地下水资源量评价专题报告、地表水质量评价专题报告（包括污染物入河量评价）、地下水质量评价专题报告、水资源开发利用评价专题报告、水生态评价专题报告和菏泽市第三次水资源调查评价总报告。

菏泽市水资源调查评价工作得到了山东省水利厅、山东省水文局及有关领导、专家的悉心指导，得到了市、县水务局、水利设计院、黄河河务局及有关单位的大力支持，得到了发展和改革委员会、自然资源、生态环境、气象、农业农村、林业、统计、住建等部门的配合和协助，在此一并表示衷心感谢！

作　者

2020年6月

目　录

前　言
第一章　菏泽市概况与评价背景……（1）
　第一节　菏泽市概况……（1）
　第二节　评价范围与分区……（3）
第二章　水资源数量……（5）
　第一节　降　水……（5）
　第二节　蒸　发……（12）
　第三节　地表水资源量……（14）
　第四节　地下水资源量……（19）
　第五节　水资源总量……（25）
　第六节　水资源可利用量……（27）
第三章　水资源质量……（32）
　第一节　地表水质量……（32）
　第二节　地下水质量……（40）
　第三节　点源主要污染物入河量……（45）
第四章　水资源开发利用……（49）
　第一节　供水量……（49）
　第二节　用水量……（51）
　第三节　用水效率与开发利用程度……（60）
第五章　水生态调查评价……（61）
　第一节　河　流……（61）
　第二节　湖　泊……（65）
　第三节　湿　地……（65）
　第四节　生态流量（水量）保障……（67）
　第五节　地下水超采……（71）

第六章　水资源综合评价…………（76）

第一节　水资源禀赋条件…………（76）

第二节　水循环平衡分析…………（78）

第三节　水资源演变情势分析…………（78）

第四节　水生态环境状况…………（80）

第五节　水资源及其开发利用状况综合评述…………（81）

附　录…………（85）

附　表…………（85）

附　图…………（98）

参考文献…………（122）

第一章 菏泽市概况与评价背景

第一节 菏泽市概况

一、地理位置

菏泽市位于山东省西南部，地处东经 114° 48′ ~ 116° 24′，北纬 34° 52′ ~ 35° 52′。东南部与江苏省丰县、安徽省砀山县为邻，南部和西部与河南省商丘、开封、濮阳等市毗连，北部隔黄河与聊城市相望，东部与济宁市接壤。南北长 157 km，东西宽 140 km，土地面积 12 239 km^2。菏泽市行政区划图见附图 1。

菏泽市辖 7 县 2 区，现有 162 个乡（镇）和街道办事处，5 924 个村民委员会。2016 年全市总人口 1 014.57 万人，其中城镇人口 401.75 万人；常住人口 862.26 万人，比上年增长 1.4%，全市城镇化率达到 47.36%，比上年提高 2.23 个百分点。耕地面积 1 244.4 万亩（1 亩 =1/15 hm^2，下同），人均占有耕地 1.23 亩。

二、社会经济

2016 年，全市人民在市委市政府的坚强领导下，牢固树立五大发展理念，大力推进供给侧结构性改革，着力培育经济发展新动能，全市经济继续保持平稳向好发展，质量和效益进一步提升，各项社会事业稳步推进，民生保障水平不断提高，实现了“十三五”的良好开局。

全市实现地区生产总值（GDP）2 560.24 亿元，按可比价格计算，比上年增长 8.5%。第一产业增加值 280.62 亿元，增长 3.1%；第二产业增加值 1 312.55 亿元，增长 8.7%；第三产业增加值 967.07 亿元，增长 9.8%。三次产业结构由上年的 11.2 ∶ 52.8 ∶ 36.0 调整为 10.9 ∶ 51.3 ∶ 37.8，第一产业增加值占地区生产总值的比重下降 0.3 个百分点，第二产业增加值占地区生产总值的比重下降 1.5 个百分点，第三产业增加值占地区生产总值的比重提高 1.8 个百分点，经济结构进一步优化。

全市粮食作物播种面积 1 746.66 万亩，比上年增加 49.50 万亩，增长 2.9%；粮食平均亩产 878 斤（1 斤 =0.5 kg，下同），比上年增加 4 斤，增长 0.5%；粮食总产达到 766.51 万 t，比上年增加 25.44 万 t，增长 3.4%，总产创历史最高水平。全市工业完成增加值 1 149.29 亿元，比上年增长 9.0%，比地区生产总值增速高 0.5 个百分点。全市完成规模以上固定资产投资 1 218.21 亿元，比上年增长 13.5%。全市实现社会消费品零售总额 1 503 亿元，比上年增长 11.2%。全市完成公共财政预算收入 185.04 亿元，比上年增长 8.8%。

三、水文气象

菏泽市属暖温带季风型大陆性气候，四季分明，光照充足。年辐射总量为 116.6 ~ 123.6 kcal /cm^2，6 月最多，12 月最低。年日照时数为 2 329.2 ~ 2 578.2 h，平均为 2 467.5 h，北部多于南部。

菏泽市多年平均年降水量 659.6 mm，属于干旱带与湿润带之间的降水过渡带；水面蒸发量 828.4 mm，干旱指数 1.26，属半湿润气候带。多年平均气温为 13.5 ~ 14.0 ℃，南部高，北部低。最冷月为 1 月，平均气温 –1.9 ~ –0.8 ℃。最热月为 7 月，平均气温 26.8 ~ 27.1 ℃。境内极端最高气温为 43.7 ℃（曹县），极端最低气温为 –20.6 ℃（单县）。年平均无霜期 209 d，其中无霜期最长的东明县为 219 d。

四、地形地貌

菏泽市地处淮河流域，属黄河冲积平原。地势自西南向东北逐渐降低，地面坡降为 1/ 5 000 ~ 1/ 10 000。菏泽市除巨野县东南部有独山、金山等少数低山丘陵（面积 14.5 km^2）外，其余为黄泛平原，地形呈波状起伏，岗、坡、洼相间。微地貌主要是：河滩高地，沿黄河故道呈带状分布；缓平坡地面积较大，牡丹区、巨野、成武等县（区）占耕地面积的 30% 以上；浅平洼地主要分布在中部和东部；背河槽形洼地主要分布在黄河东侧，呈西南—东北带状分布。

五、河流水系

菏泽市除黄河滩区 479 km^2 为黄河流域外，其余均为淮河流域。内河主要有洙赵新河、东鱼河、万福河、太行堤河、黄河故道 5 个水系，均流入南四湖。东北部郓城新河下段出境后流入梁济运河。菏泽市流域面积大于 30 km^2 的内河河沟共 199 条，长 3 157 km，平均河网密度 0.26 km/km^2。其中：按照菏泽市测绘管理办公室编绘的《菏泽市水系图》（2001 年 5 月），菏泽市流域面积大于 300 km^2 主要河流长度 898.7 km。境内河流丰枯变化大，属季节性河流。黄河自王夹堤进入菏泽市境内，流经东明、牡丹区、鄄城、郓城四县（区），至高堂进入梁山境内。据高村水文站观测，黄河多年平均流经菏泽市水量 329.8 亿 m^3，是菏泽市乃至山东省的主要客水资源。现在已建成引黄闸 9 处和引黄灌区 8 处，设计引黄流量 405 m^3/s，引黄送水干线 8 条，设计输水流量 264 m^3/s。

六、土壤植被

菏泽市属于黄河冲积平原，地形平坦。由于受地形、地貌、气候、植被等人为因素的影响，土壤主要由沙壤土组成。土层深厚，土质肥沃，土层厚度 15 m 以上，岩性主要由黏土、粉质黏土、粉土、粉细砂等构成，缓平坡地占耕地面积的 30% 左右，区内盛产粮、棉、油及其他经济作物。

区域内植被主要由农田和林地组成，农田植被成为本区最主要的植被类型，主要包括粮食作物、经济作物、蔬菜三大类，粮食作物主要有小麦、玉米、高粱、谷子、绿豆、地瓜、大豆、水稻等；经济作物主要有棉花、花生、芝麻、瓜果、花卉、药材等；蔬菜品种较多，有大白菜、小白菜、萝卜、茄子、黄瓜等。林地植被包括多种乔木和灌木，以农田防护林网为骨架，四旁绿化、片林、道路、堤坝等防护林带相结合，多林种、多树种相配合，乔、灌、草混合分布形成的多层次植被，植被覆盖率70%。

七、水文地质

菏泽市属华北平原新沉降盆地的一部分，除孤山丘陵区有少量寒武系、奥陶系地层出露外，其他地域均为第四系地层所覆盖。第四系地层在山麓地带较薄，厚数十米，离山体越远越厚，一般为200 ~ 400 m，最厚达1 000 m，下伏第三系地层。第四系地层的成因一般为河湖相沉积（多为黄河冲积物），少数与风成有关。岩性主要为黏土、壤土、沙壤土、粉细砂，也有少数中细砂。

菏泽市地下水分布广泛，浅层淡水底界面埋藏深度为30 ~ 60 m，含水层岩性以细砂、中砂为主，粉细砂次之，砂层厚10 ~ 30 m。含水砂层最厚地段为古河道带，砂层累计厚度一般为15 ~ 20 m，局部达25 ~ 30 m，单层厚度3 ~ 10 m，富水性强，单井出水量1 000 ~ 3 000 m^3/d，局部为500 ~ 1 000 m^3/d。浅层地下水埋深一般为3 ~ 6 m，矿化度为1 ~ 2 g/L，适于农业灌溉。

第二节 评价范围与分区

一、评价范围

本次水资源调查评价范围为菏泽市9个县级行政区。汇总单元为13个水资源四级区套县级行政区。

二、评价分区和评价单元

（一）水资源分区

本次评价中，水资源四级区套县级行政区计算面积确定方法：首先基于1∶5万底图对水资源四级区套县级行政区面积进行量算，然后根据全省统一要求采用全省第二次水资源调查评价菏泽市套各水资源三级区面积对其内各县套水资源四级区面积进行修正，再以修正后的四级区套县面积求和得到各级水资源分区面积。各级行政分区面积使用水资源四级区套县级行政区求和面积；菏泽市水资源分区及编码名录见表1–1。菏泽市水资源分区图见附图2。

（二）行政分区

本次菏泽市地表水资源调查评价按照市、县三级分区进行评价，统一采用截至2016年12月31日山东省最新行政区划及相应编码，见表1–2。

（三）汇总单元

汇总单元是评价成果上报、汇总、分析、协调、平衡的基本单元。本次调查评价汇总单元将水资源四级区、县级行政区分别作为汇总单元。汇总单元名录见表1–1、表1–2。

表 1-1 菏泽市水资源分区

水资源分区				水资源分区代码	县（区）	评价面积（km^2）
一级	二级	三级	四级			
淮河区	沂沭泗河	湖西区	湖西平原区	E040200371702	牡丹区	1 390
				E040200371703	定陶区	844
				E040200371721	曹县	1 969
				E040200371722	单县	1 666
				E040200371723	成武县	996
				E040200371724	巨野县	1 305
				E040200371725	郓城县	1 590
				E040200371726	鄄城县	902
				E040200371728	东明县	1 087
黄河区	花园口以下	花园口以下干流区间	黄河干流区	D070300371728	东明县	280
				D070300371702	牡丹区	22
				D070300371726	鄄城县	128
				D070300371725	郓城县	49

表 1-2 菏泽市行政分区

编码	省级	编码	地级	编码	县（区）	评价面积（km^2）
370000	山东省	371700	菏泽市	371702	牡丹区	1 412
				371703	定陶区	844
				371721	曹县	1 969
				371722	单县	1 666
				371723	成武县	996
				371724	巨野县	1 305
				371725	郓城县	1 639
				371726	鄄城县	1 030
				371728	东明县	1 367

第二章 水资源数量

第一节 降 水

一、评价基础

（一）雨量站选用

根据菏泽市所处自然地理状况，本次评价选用的雨量站布局本着尽可能均匀，且资料质量、系列长度和站网密度满足降水量评价要求的原则，充分考虑雨量站的区域代表性、评价成果的连续性，全省第二次水资源调查评价采用的雨量站一般作为选用站，结合本次评价要求，本次评价选用雨量站34处1956 ~ 2016年共计24 888站月降水量资料，其中实测资料88.1%，全市平均站网密度359.6 km²/站。

（二）降水资料的插补延长

当选用雨量站观测资料系列长度较短时，对其资料系列进行插补延长处理，本次评价对选用站点按照以下方式进行插补延长。

1. 算术平均法

针对雨量站分布较密的地区，邻近区域雨量一般相差较小，所以采用缺测周边站同期雨量均值来代替缺测雨量。

2. 等值线法

针对缺测站周边站点较稀疏的情况，选用较大范围内的雨量站，绘制同期降雨量等值线图，按照等值线分布查线或内插缺测的同期雨量。

3. 相关法

如果周边站点非常稀少，不满足绘制等值线的条件，采用缺测站正常观测系列与正常站数据同期相关图，利用该图查读缺测系列数据。

4. 比拟法

比拟法使用条件和相关法相似，只是方法比较简便，适合计算缺测系列均值。

（三）系列选取与分区降水量计算

根据菏泽市水文资料积累情况，并考虑系列代表性的要求，统一采用1956 ~ 2016年、1956 ~ 2000年、1980 ~ 2016年三个同步期系列进行降水量评价。

以全市34处选用雨量站年降水量统计参数的分析成果，作为勾绘等值线图的主要依据点，同时综合考虑了地理位置、地形地貌、气候等因素对降水的影响，不拘泥于个别站的统计数据，以免造成等值线过于曲折或产生许多小中心，点绘了菏泽市1956 ~ 2016年平均年降水量等值线图、菏泽市1980 ~ 2016年平均年降水量等值线图、菏泽市 1956 ~ 2016 年降水量变差系数 C_v 等值线图、菏泽市 1980 ~ 2016 年降水量变差系数 C_v 等值线图（见附图 3 ~附图 7）。

为了更好地反映降水量的时空分布特征，在单站降水量计算成果的基础上，采用 ArcGIS 软件 – 泰森多边形法提出水资源四级区套县级行政区 1956 ~ 2016 年年降水量系列评价成果，并计算汇总水资源四级区、三级区和县级、地级行政分区 1956 ~ 2016 年年降水量系列评价成果。

二、单站资料代表性分析

资料系列代表性，指样本资料的统计特性能否很好地反映总体的统计特性。

如果在一个随机系列中，有一个或几个完整的丰、枯周期，其中又包含长系列中的最大值和最小值，各种统计特征值相对稳定，则一般认为这个系列的代表性较好。年降水量系列代表性，一般是指某一具有可靠性和一致性的年降水量样本分布对总体分布的代表性。在具体的分析中，通常是将长期的年降水量系列看作总体，用它来衡量各个样本的代表性。

（一）不同长度系列统计参数对比分析

根据各站年降水量资料，分别截取 1956 ~ 2016 年、1956 ~ 2000 年和 1980 ~ 2016 年三个统计年限的年降水量系列，并计算各短系列和长系列年降水量均值和变差系数（见表 2–1），据此分析各系列的代表性。年降水量均值采用算术平均法计算，变差系数 C_v 采用适线值。

表 2–1　菏泽市雨量站年降水量特征值

雨量站名称	县级行政区	年降水量		平均年降水量（mm）			C_v 值		
		最大值（mm）	最小值（mm）	1956 ~ 2016 年	1956 ~ 2000 年	1980 ~ 2016 年	1956 ~ 2016 年	1956 ~ 2000 年	1980 ~ 2016 年
小留	牡丹区	1 032.4	348.4	639.4	639.5	619.0	0.25	0.25	0.26
魏楼闸	牡丹区	1 109.8	369.7	654.9	647.3	650.8	0.25	0.24	0.26
王浩屯	牡丹区	1 120.4	257.4	617.5	609.9	594.3	0.29	0.29	0.28
马庄闸	牡丹区	1 057.4	301.5	663.2	652.5	660.1	0.27	0.26	0.26
定陶	定陶县	1 222.7	342.6	672.5	658.2	662.5	0.27	0.27	0.27
牛小楼	定陶县	1 110.9	295.8	679.3	670.4	648.0	0.27	0.28	0.28
路菜园闸	定陶县	1 193.5	344.8	681.5	674.7	670.0	0.25	0.24	0.24
中沙海	定陶县	1 080.2	267.6	648.9	631.8	625.3	0.29	0.28	0.31
娄庄	曹县	1 129.1	348.6	693.5	699.2	668.9	0.28	0.29	0.27
李庙闸	曹县	1 180.8	338.7	705.5	709.4	686.6	0.26	0.26	0.25
曹县	曹县	1 206.1	304.3	684.3	679.1	682.0	0.28	0.27	0.26
庄寨	曹县	1 180.9	276.8	661.0	651.7	642.9	0.30	0.29	0.29

续表 2-1

雨量站名称	县级行政区	年降水量		平均年降水量（mm）			C_v 值		
		最大值（mm）	最小值（mm）	1956 ~ 2016 年	1956 ~ 2000 年	1980 ~ 2016 年	1956 ~ 2016 年	1956 ~ 2000 年	1980 ~ 2016 年
梁堤头	曹县	1 120.8	345.8	663.7	655.6	643.9	0.26	0.27	0.25
黄寺	单县	1 205.8	364.1	705.3	700.4	674.1	0.26	0.27	0.27
曹庄	单县	1 156.8	345.6	688.0	667.5	652.0	0.30	0.29	0.29
终兴集	单县	1 229.7	303.5	705.1	678.7	684.9	0.26	0.25	0.28
成武	成武县	1 196.6	364.3	679.0	660.7	662.7	0.29	0.27	0.25
张庄闸	成武县	1 224.9	412.9	692.9	689.2	656.2	0.29	0.27	0.23
田集	成武县	1 082.8	347.4	679.8	661.4	660.7	0.26	0.26	0.26
天宫庙	成武县	1 210.6	279.0	663.1	646.5	634.4	0.28	0.28	0.28
巨野	巨野县	1 223.3	314.6	668.9	675.7	637.1	0.28	0.28	0.29
章逢	巨野县	1 176.5	286.9	697.9	686.2	674.6	0.26	0.25	0.29
郓城	郓城县	1 232.5	342.4	659.9	660.3	627.9	0.24	0.27	0.28
黄堆集	郓城县	1 622.1	321.5	672.2	682.5	636.9	0.30	0.31	0.27
刘庄闸	郓城县	1 127.9	335.2	630.5	640.5	603.5	0.26	0.25	0.27
武安	郓城县	1 212.3	323.6	640.7	647.4	619.4	0.26	0.25	0.26
旧城	鄄城县	995.9	299.9	591.8	589.3	583.1	0.26	0.26	0.25
鄄城	鄄城县	976.5	336.4	597.1	598.6	591.3	0.28	0.28	0.25
箕山	鄄城县	1 092.9	333.4	603.3	600.5	589.7	0.26	0.25	0.25
临濮	鄄城县	1 091.1	306.5	584.7	574.3	571.7	0.28	0.28	0.26
阎什口	鄄城县	1 054.8	337.4	642.1	640.3	625.5	0.25	0.24	0.26
东明	东明县	952.4	286.5	621.7	625.8	608.9	0.25	0.25	0.25
东明集	东明县	998.9	272.5	630.9	617.8	614.7	0.26	0.26	0.24
三春集	东明县	1 157.1	226.0	633.6	616.1	632.9	0.28	0.27	0.28

（二）差积曲线

差积曲线法是将每年的降水量与多年平均降水量的离差依次累加，然后绘制差积值与时间的关系曲线进行周期分析的方法。

年降水量模比系数差积曲线的绘制步骤如下：

（1）计算系列多年的平均值及各年的模比系数 K_i；

（2）将开始年份至当前年份各年的（K_i-1）依次累加，得到一个系列 Σ（K_i-1）；

（3）以 t 为纵坐标、Σ（K_i-1）为横坐标，即可绘制出年降水量模比系数差积曲线。

根据各雨量站年降水量系列资料，绘制模比系数差积曲线图。经分析，本次评价选用雨量站长系列资料代表性良好，代表性雨量站模比系数差积曲线见图 2-1 ~ 图 2-3。

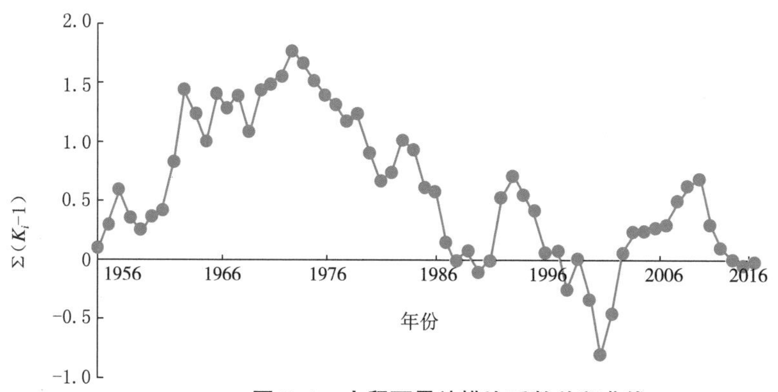

图 2-1　小留雨量站模比系数差积曲线

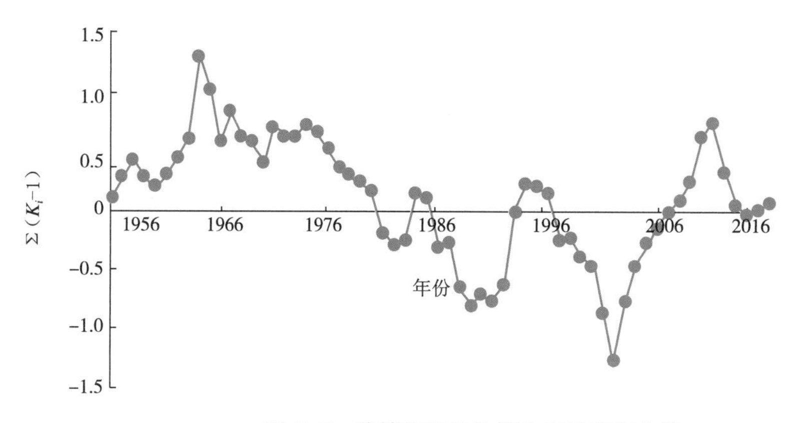

图 2-2　魏楼闸雨量站模比系数差积曲线

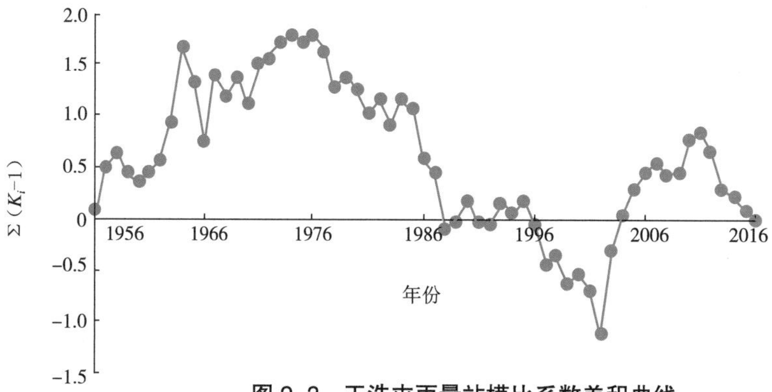

图 2-3　王浩屯雨量站模比系数差积曲线

（三）系列代表性分析

综上所述，各站 1956 ~ 2016 年系列代表性相对较好。从大范围来说本次评价采用的 1956 ~ 2016 年系列，是一个略微偏丰的系列。在水资源开发利用、规划设计工作中应用本次评价成果时，应当考虑该系列偏丰程度，适当留有余地。

三、降水量

菏泽市湖西平原区 1956 ~ 2016 年多年平均降水量 661.5 mm，20%、50%、75%、95% 频率年降水量分别为 784.8、649.9、553.6、432.6 mm。1980 ~ 2016 年多年平均降水量 640.8 mm，20%、50%、75%、95% 频率年降水量分别为 760.3、629.5、536.3、419.1 mm。

菏泽市黄河干流区 1956 ~ 2016 年多年平均降水量 614.8 mm，20%、50%、75%、95% 频率年降水量分别为 734.3、603.0、509.8、393.7 mm。1980 ~ 2016 年多年平均降水量 607.1 mm，20%、50%、75%、95% 频率年降水量分别为 725.1、595.4、503.4、388.8 mm，见附表 1。

菏泽市 1956 ~ 2016 年多年平均降水量 659.6 mm，20%、50%、75%、95% 频率年降水量分别为 754.6、648.1、552.0、431.4 mm。1980 ~ 2016 年多年平均降水量 639.5 mm，20%、50%、75%、95% 频率年降水量分别为 758.7、628.2、535.1、418.2 mm，见附表 2。

四、时空分布

（一）空间分布

菏泽市 1956 ~ 2016 年年平均降水总量为 80.7 亿 m^3，相当于面平均年降水量 659.6 mm。由于受地理位置、地形等因素的影响，菏泽市年降水量的地区分布很不均匀。

从菏泽市 1956 ~ 2016 年多年平均降水量等值线图（见附图 3）可以看出，年降水量总的分布趋势是从东南向西北逐渐递减。菏泽市大部分县（区）多年平均降水量为 600 ~ 700 mm，小于 600 mm 的县（区）仅有牡丹区北部、鄄城县西北部和郓城县北部，大于 700 mm 的县（区）为单县东部、成武县小部分地区。650 mm 等值线穿过东明县东南部、牡丹区中部和郓城县南部。

根据菏泽市 1980 ~ 2016 年多年平均降水量等值线图（见附图 4），菏泽市各县区多年平均降水量均小于 700 mm，小于 600 mm 的县区有东明县北部、牡丹区西北部、鄄城县大部和郓城县北部部分地区。650 mm 等值线南推至曹县西北部、牡丹区中南部、定陶区东北部和巨野县北部一线。

根据菏泽市各县（区）年降水量的分布，按照全国年降水量五大类型地带划分标准。菏泽市属于过渡带。

全国年降水量划分的五大类型地带标准如下：

十分湿润带：相当于年降水量 1 600 mm 以上的地带；

湿润带：相当于年降水量 800 ~ 1 600 mm 的地带；

过渡带：相当于年降水量 400 ~ 800 mm 的地带；

干旱带：相当于年降水量 200 ~ 400 mm 的地带；

严重干旱带：相当于年降水量 200 mm 以下的地带。

菏泽市年降水量的地带分布同各地的地理位置、地形地貌特征变化等因素密切相关。经度的地带性和纬度的地带性相互作用，决定了菏泽市年降水量等值线多呈西南—东北走向，年降水量自东南向西北递减。

（二）年内分配

菏泽市各县（区）降水量年内分配很不均匀。本次对 34 个雨量站历年逐月降水资料进行了统计分析，结论如下：

各雨量站多年平均年降水量为 584.7 ~ 705.5 mm，年降水量主要集中在汛期（6 ~ 9 月），多年平均连续最大 4 个月降水量为 410.1 ~ 494.9 mm，占年降水量的 67.0% ~ 72.6%。

降水量的季节变化较大。夏季（6 ~ 8 月）降水量最大，为 345.2 ~ 421.7 mm，占全年降水量的 55.7% ~ 62.7%；秋季（9 ~ 11 月）降水量小于夏季，为 116.1 ~ 138.9 mm，占全年降水量的 18.2% ~ 21.3%；春季（3 ~ 5 月）降水量小于秋季、大于冬季，为 96.6 ~ 127.0 mm，占全年降水量的 15.0% ~ 18.2%；冬季（12 月至次年 2 月）降水量最少，为 24.4 ~ 41.6 mm，仅占全年降水量的 3.8% ~ 6.0%。

年内各月降水量变化较大，最大和最小月降水量悬殊，一年中以 7 月降水量最多，为 150.2 ~ 195.9 mm，占全年降水量的 25.2 % ~ 29.1 %；8 月次之，为 116.2 ~ 149.0 mm，占全年降水量的 18.9% ~ 22.1%；最小月降水量多发生在 1 月，为 6.2 ~ 12.4 mm，仅占全年降水量的 1.0% ~ 1.8%。

由此可见，全市年降水量约有 70% 集中在汛期（6 ~ 9 月），有一半左右集中在 7 ~ 8 月，最大月降水量多发生在 7 月，最小月降水量发生在 1 月，最大月降水量为最小月的 20 倍左右。这说明菏泽市的雨季较短、雨量集中，降水量的年内分配很不均匀。

（三）年际变化

由于温带大陆性季风气候的不稳定性和天气系统的多变性，造成年际之间降水量差别很大，主要表现为最大与最小年降水量的比值（极值比）较大，年降水量变差系数 C_v 值较大和年际间丰枯变化频繁等特点。

全市 1956 ~ 2016 年降水系列中，年降水量极值比为 2.80。全市年降水量最大值发生在 2003 年，为 1 039.5 mm；次大值发生在 1964 年，为 1 027.5 mm；分别比多年均值偏大 57.6%、55.8%。年降水量最小值发生在 1988 年，为 371.5 mm；次小值发生在 1966 年，为 399.0 mm；分别比多年均值偏小 43.7%、39.5%。

从多年平均年降水量的变差系数来看，全市各地降水量的年际变化较大，C_v 值一般为 0.24 ~ 0.30。C_v 值总的变化趋势为由南往北递增。

菏泽市境内主要雨量站年降水量的极值比为 2.90 ~ 5.12，年降水量极差在 640.1 ~ 1 300.6 mm，均值为 826.0 mm。极值比最大的站点为三春集站，其年降水量极值比达 5.12；最小为鄄城站，其年降水量极值比为 2.90。

菏泽市年降水量的多年变化过程具有明显的丰、枯水交替出现的特点，连续丰水年和连续枯水年的出现十分明显。

从菏泽市 1956 ~ 2016 年多年平均降水量过程线图（见图 2-4）可以看出，以连续三年超过多年平均降水量均值为丰水年份统计时段，1956 ~ 1964 年 9 年间有 7 年降水量超过多年均值，年均降水量 775.3 mm；2003 ~ 2016 年 14 年间有 11 年降水量超过多年均值，年均降水量 713.1 mm；1965 ~ 2002 年 38 年间仅有 12 年降水量超多年均值，年均降水量 612.5 mm。从 1956 ~ 2016 年 61 年长系列看，有 30 年降水量超多年均值，符合长系列统计规律，见表 2-2。

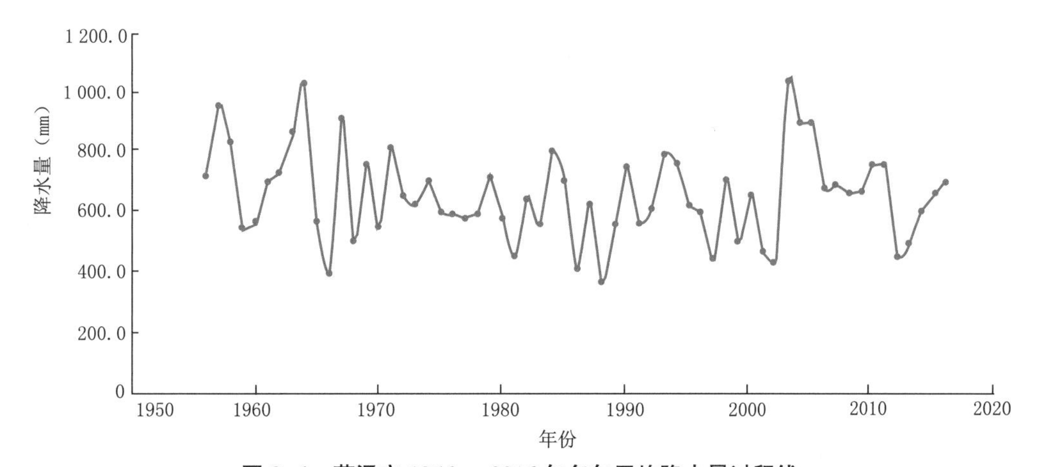

图 2-4 菏泽市 1956 ~ 2016 年多年平均降水量过程线

表 2-2 菏泽市多年平均降水量变化趋势

时段	年数	超均值年数	年均降水量（mm）
1956 ~ 1964 年	9	7	775.3
1965 ~ 2002 年	38	12	612.5
2003 ~ 2016 年	14	11	713.1
1956 ~ 2016 年	61	30	659.6

通过以上分析可知，菏泽市年降水量丰枯交替出现，连丰年份与连枯年份呈现周期性变化，但从多年长系列来看，年均降水量和丰枯年份出现次数保持基本稳定。连丰、连枯是菏泽市降水量年际变化的重要特征之一。

五、变化趋势

从全市平均年降水量模比系数差积曲线图（见图 2-5）可以看出，1956 ~ 1975 年为上升段（丰水期），1976 ~ 2001 年为下降段（枯水期），自 2002 年开始又转为上升段。且在每一个上升段或下降段内都有若干个较小的上升或下降的波动段。这表明菏泽市年降水量出现了 50 ~ 60 年的变化周期，如果今后的变化能重复以往的变化过程，菏泽市将于 2035 年左右进入枯水期。

图 2-5　菏泽市年降水量模比系数差积曲线图

第二节　蒸　发

一、评价基础

蒸发能力是指充分供水条件下的陆面蒸发量。本次评价近似地用 E-601 型蒸发器观测的水面蒸发量代替。

全市共选用了水文部门蒸发站 2 处，气象部门蒸发站 9 处，共计 11 处，资料系列为 1980 ~ 2016 年。部分缺测月份或年份的气象蒸发站，参照附近蒸发站作了资料的插补延长。由于各水面蒸发站观测仪器型号不统一，有 20 cm 口径蒸发皿，有 E-601 型蒸发器。在进行单站分析时，根据菏泽市气象局提供的 0.574 的折算系数，将 20 cm 口径蒸发皿蒸发量折算为 E-601 型蒸发器蒸发量，以此计算各站 1980 ~ 2016 年年平均蒸发量。

二、水面蒸发量

菏泽市多年平均水面蒸发量 828.4 mm。根据菏泽市多年平均年水面蒸发量分布图（见附图 7），菏泽市多年平均水面蒸发量一般为 800 ~ 900 mm。

（一）年际变化

采用算术平均法计算得菏泽市历年蒸发量，点绘 1980 ~ 2016 年系列历年蒸发量过程线（见图 2-6）。从图中可以看出，多年以来，全市水面蒸发量保持相对稳定，总体呈减小趋势。

图 2–6 菏泽市历年水面蒸发过程线

（二）年内分配

菏泽市水面蒸发量的年内分配主要受季节变化和温湿条件的影响，全市各地水面蒸发量以 5 ~ 7 月 3 个月为最大，占全年蒸发量的 40.4%；以 1 月、12 月为最小，占全年蒸发量的 5.2%。最大月蒸发量出现在 6 月，为 125.4 mm；最小月蒸发量出现在 1 月，为 21.3 mm；最大与最小月蒸发量之比为 5.90。

三、干旱指数

干旱指数是反映气候干湿程度的指标，用年水面蒸发量与年降水量的比值表示。年水面蒸发能力采用 E–601 型蒸发器测得的水面蒸发量，即多年平均干旱指数为多年平均年水面蒸发量与多年平均年降水量之比。当干旱指数小于 1.0 时，降水量大于蒸发能力，表明该地区气候湿润；反之，当干旱指数大于 1.0 时，蒸发能力超过降水量，表明该地区偏于干旱。干旱指数愈大，干旱程度愈严重。我国气候干湿分带与干旱指数的关系见表 2–3。

表 2–3 我国气候干湿分带与干旱指数的关系

气候分带	十分湿润	湿润	半湿润	半干旱	干旱
干旱指数	< 0.5	0.5 ~ 1.0	1 ~ 3	3 ~ 7	> 7

从菏泽市多年平均干旱指数分布图（见附图 8）可以看出，菏泽市各地 1980 ~ 2016 年平均年干旱指数一般为 1.1 ~ 1.5，总体趋势是由东南部向西北部递增，等值线呈西南—东北走向。根据菏泽市气候干湿分带与干旱指数的关系，菏泽市属于半湿润气候带，见表 2–4。

表 2-4　菏泽市各蒸发站干旱指数统计

测站名称	县级 行政区	年均蒸发量 （mm）	年均降水量 （mm）	干旱指数
魏楼闸	牡丹区	795.9	650.8	1.22
黄寺	单县	812.2	674.1	1.20
鄄城	鄄城县	829.4	591.3	1.40
郓城	郓城县	807.7	627.9	1.29
菏泽	牡丹区	791.8	660.1	1.20
东明	东明县	871.5	608.9	1.43
巨野	巨野县	851.1	637.1	1.34
曹县	曹县	843.2	682.0	1.24
成武	成武县	808.9	662.7	1.22
单县	单县	809.7	679.5	1.19
定陶	定陶区	890.8	662.5	1.34

第三节　地表水资源量

一、评价基础与方法

（一）评价基础

《全省水资源调查评价技术细则》（山东省水文局，2017 年 11 月）要求，凡观测资料符合规范规定，且观测资料系列较长的水文站，包括符合流量测验精度规范的国家基本水文站、专用水文站，均可作为选用水文站。其中，全省第二次评价选用站为必选站。另外，2010 年左右新设出入境水量监测站点，全部作为选用站，用于出入境水量估算。

径流资料插补延长的方法主要有以下三种方式：

（1）流域平均年降水量与年径流量相关分析法。

（2）相邻流域流量相关分析法。

（3）上下游站年径流量相关分析法。

本次径流资料的插补延长主要采用降水径流相关法进行延长。

（二）评价方法

对于控制面积内不存在蓄水、引水、提水及河道分洪或堤防决口的水文站，实测河川径流量即为天然河川径流量；对于控制面积内存在蓄水、引水、提水及分洪或决口的水文站，应对逐月、逐年的实测河川径流量进行还原计算。本次菏泽市地表水资源量调查评价对6个测站进行径流还原计算，分别为黄寺站、刘庄闸站、路菜园闸站、马庄闸站、魏楼闸站、张庄闸站。

统计进行还原计算的水文站1956～2016年逐月、逐年天然河川径流量。统计各径流还原水文站1956～2016年、1980～2016年多年平均及不同频率（20%、50%、75%和95%）天然年河川径流量，分析最大和最小天然年河川径流量及其发生的年份。

在单站径流还原计算、合理性检查和对照分析的基础上，进行分区地表水资源量的计算。在本次地表水资源量计算中，由于需要计算水资源四级区套县地表水资源量，菏泽市现有6个水文站做了径流还原计算，县级行政区为9个，现有流域不能覆盖每一个县级行政区，为统一计算方法，本次计算不采用代表站法，选用年降水—径流函数关系法。选择在四级区套县附近具有充分实测年降水、年径流资料的分析代表水文站作为代表流域，使用该站还原后的降水径流关系进行查算。形成了13个四级区套县级行政区降水径流关系（9个湖西平原区、4个黄河干流区）。具体计算过程如下。

1. 各分区水资源四级区套县选用径流还原计算水文站

各分区水资源四级区套县选用径流还原计算水文站情况见表2–5。

表2–5 各四级区套县地表水资源量计算选用径流还原计算水文站

测站	县（区）	县（区）	备注
马庄闸	东明县	牡丹区	包括黄河干流区
路菜园闸	定陶区		
张庄闸	曹县	成武县	
魏楼闸	巨野县		
黄寺	单县		
刘庄闸	郓城县	鄄城县	包括黄河干流区

2. 各水资源四级区套县径流深的查算

由各水资源四级区套县1956～2016年降水量系列资料，查对应径流还原计算水文站径流系数，得出各站径流深系列，填入地表水资源量，由径流深系列和各分区计算面积，得出地表水资源量。

3. 各分区地表水资源量计算

根据第三次技术成果汇总会会议纪要地表水资源量成果协调要求，本次计算以水资源四级区套县级行政区为基础，进行了三级区套市、县（市）级行政区的成果协调，做到了“四个相等”。

由水资源四级区套县地表水资源量系列汇总得水资源三级区套市地表水资源量系列、行政分区地表水资源量系列。

二、地表水资源量

湖西平原区菏泽市 1956 ~ 2016 年多年平均地表水资源量 61 389 万 m^3，20%、50%、75%、95% 频率地表水资源量分别为 94 279 万、49 206 万、25 918 万、8 013 万 m^3。1980 ~ 2016 年多年平均地表水资源量 52 833 万 m^3，20%、50%、75%、95% 频率地表水资源量分别为 80 683 万、42 841 万、23 046 万、7 441 万 m^3。

黄河干流区菏泽市 1956 ~ 2016 年多年平均地表水资源量 2 057 万 m^3，20%、50%、75%、95% 频率地表水资源量分别为 3 150 万、1 659 万、883 万、279 万 m^3。1980 ~ 2016 年多年平均地表水资源量 1 833 万 m^3，20%、50%、75%、95% 频率地表水资源量分别为 2 738 万、1 544 万、890 万、334 万 m^3，见附表 3。

菏泽市 1956 ~ 2016 年多年平均地表水资源量 63 446 万 m^3，20%、50%、75%、95% 频率地表水资源量分别为 97 439 万、50 855 万、26 786 万、8 281 万 m^3。1980 ~ 2016 年多年平均地表水资源量 54 666 万 m^3，20%、50%、75%、95% 频率地表水资源量分别为 83 483 万、44 328 万、23 846 万、7 699 万 m^3，见附表 4。

三、时空分布

（一）年径流深的地区分布

菏泽市 1956 ~ 2016 年多年平均径流深 51.9 mm，年径流深的分布很不均匀，从菏泽市 1956 ~ 2016 年平均年径流深等值线图（见附图 9）可以看出：总的分布趋势是从东南向西北递减，等值线走向多呈西南—东北走向。多年平均年径流深多在 50 ~ 75 mm。东明县、鄄城县、牡丹区大部、郓城县西北部多年平均径流深都小于 50 mm。曹县东南部、单县大部和成武县东南部大于 75 mm。高值区与低值区的年径流深相差较大。

（二）年际变化

由于温带大陆性季风气候的不稳定性和天气系统的多变性，年际之间降水量差别很大，从而导致年径流量差别更大，主要表现为最大年径流量与最小年径流量的比值（极值比）较大。

全市年地表水资源量极值比为 14.15。全市年地表水资源量最大值发生在 1964 年，为 235 516 万 m^3（192.6 mm），次大值发生在 1957 年，为 221 170 万 m^3（180.9 mm），分别比多年均值偏大 271.2%、248.6%；年地表水资源量最小值发生在 1988 年，为 16 648 万 m^3（13.6 mm），次小值发生在 2012 年，为 18 391 万 m^3（15.0 mm），分别比多年均值偏小 73.8%、71.0%。

菏泽市境内主要水文站年径流量的极值比为 11.96 ~ 31.81。极值比最大的站点为刘庄闸站，其年径流量极值比达 31.81；最小为马庄闸站，其年径流量极值比为 11.96。菏泽市主要代表站径流量极值比情况见表 2–6。

表 2-6　菏泽市主要水文站径流量极值比情况

站点	时段	径流量（万 m³）		径流量（万 m³）		极值比
		最大值	出现年份	最小值	出现年份	
魏楼闸	1956 ~ 2016 年	13 557	1964	907	1966	14.94
马庄闸	1956 ~ 2016 年	11 638	1964	973	1968	11.96
路菜园闸	1956 ~ 2016 年	16 727	2003	608	1966	27.50
黄寺	1956 ~ 2016 年	36 729	1957	1 714	1988	21.43
张庄闸	1956 ~ 2016 年	42 858	1957	1 409	1966	30.42
刘庄闸	1956 ~ 2016 年	17 018	1964	535	2012	31.81

（三）年内分配

由于菏泽市降水量年内分配表现为汛期集中、季节分配不均匀和最大月、最小月悬殊等的特点，地表径流也多集中在汛期。汛期洪水暴涨暴落，突如其来的特大洪水，不仅无法充分利用，还会造成严重的洪涝灾害；枯季河川径流量很少，导致河道经常断流，水资源供需矛盾突出。菏泽市多年平均 6 ~ 9 月天然径流量占全年的 75% 左右，其中 7、8 两月天然径流量占全年的 50% ~ 60%，而枯季 8 个月的天然径流量仅占全年径流量的 25% 左右。河川径流年内分配高度集中的特点，给水资源的开发利用带来了困难，制约了菏泽市社会经济的快速健康发展。

四、出入境水量和入海水量

根据《全省水资源调查评价技术细则》要求，入省境水量菏泽市主要涉及黄河干流入境水量，本次采用菏泽黄河河务局提供的 1956 ~ 2016 年黄河高村水文站实测年径流量资料，多年平均入省境水量 3 297 689 万 m³。

菏泽市入市境资料采用 2001 ~ 2016 年供用水量资料中的引黄资料，出市境资料经查历史监测资料，在 2010 年以前由于设站和监测目的不一样，没有系统性的出境监测资料，本次统计主要采用 2010 ~ 2016 年区域用水总量监测报告统计资料，主要为 2010 ~ 2016 年东鱼河、洙赵新河出市境水量计算。菏泽市多年平均入市境水量 87 203 万 m³，出市境水量 45 598 万 m³。

五、变化趋势

菏泽市 1956 ~ 2016 年年均地表水资源量 63 446 万 m³，1964 年最大，为 235 516 万 m³，1988 年最小，为 16 648 万 m³。

从菏泽市年降水量、地表水资源量极值统计表（见表 2-7）可以看出，除个别年份受上年度干旱或洪涝影响外，评价年度内地表水资源量的变化同年降水量的丰枯变化基本一致。但受降水强度、蒸发、下垫面条件等产流因素影响，地表水资源量的变化幅度、极值比较降水量变化更剧烈、更大，见图 2-7。

表 2-7　菏泽市年降水量、地表水资源量极值统计

项目	年份	年降水量		年份	年地表水资源量	
		mm	万 m^3		mm	万 m^3
极大值	2003	1 039.5	1 271 067	1964	192.6	235 516
	1964	1 027.5	1 256 416	2003	180.9	221 147
	1957	957.0	1 170 262	1957	180.9	221 170
极小值	1988	371.5	454 261	1988	13.6	16 648
	1966	399.0	487 893	2012	15.0	18 391
	1986	410.3	501 680	1966	16.2	19 870

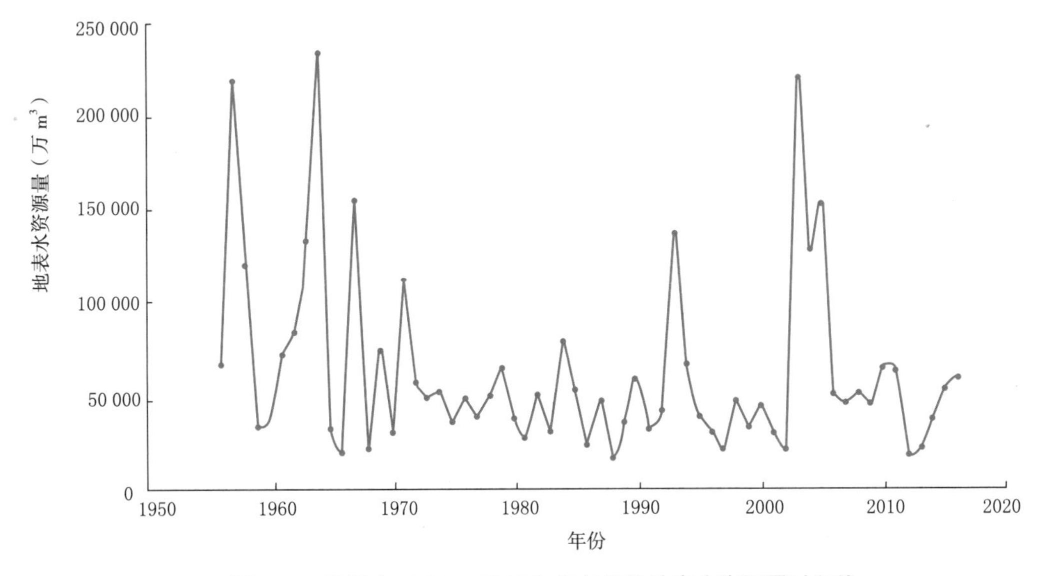

图 2-7　菏泽市 1956 ~ 2016 年多年平均地表水资源量过程线

菏泽市 1956 ~ 2016 年年均入省境水量 3 297 689 万 m^3，1964 年最大，为 8 685 000 万 m^3；1997 年最小，为 1 033 000 万 m^3。

2001 ~ 2016 年年均入市境水量 87 203 万 m^3，2001 年最大，为 93 756 万 m^3；2005 年最小，为 80 088 万 m^3。入市境水量特别是引黄水量受入省境水量丰枯变化影响较大，见图 2-8。

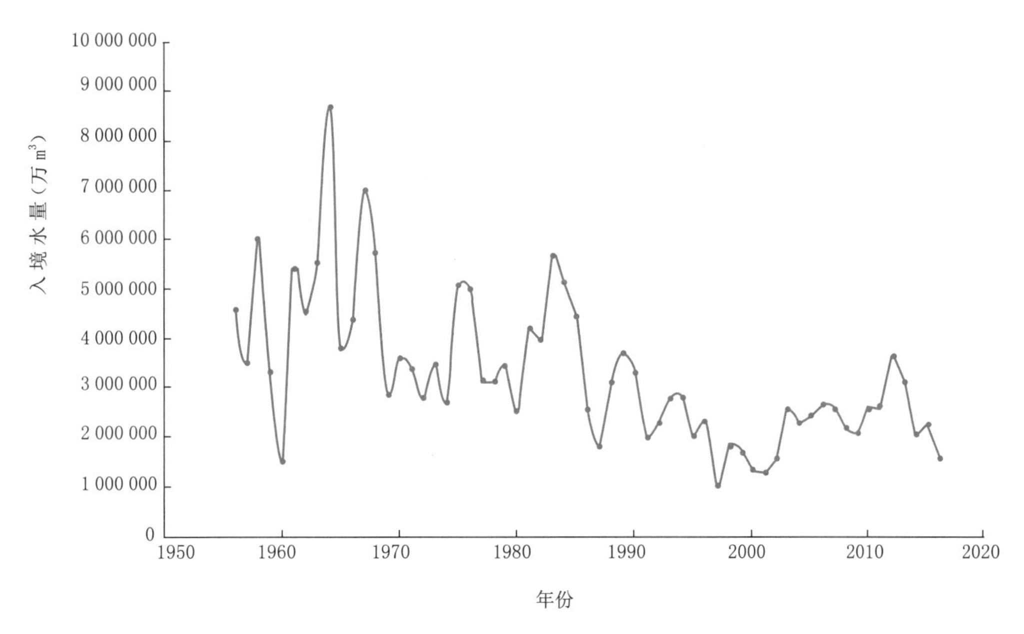

图 2-8 菏泽市 1956 ~ 2016 年多年平均入省境水量过程线

第四节 地下水资源量

一、评价基础

地下水是指赋存于地面以下饱水带岩土空隙中的重力水。本次评价的地下水资源量是指与当地降水和地表水体有直接水力联系、参与水循环且可以逐年更新的动态水量，即浅层地下水资源量。重点评价矿化度 $M \leqslant 2$ g/L 的地下水资源量，评价系列 2001 ~ 2016 年。

（一）基础资料

本次评价选择具有长系列监测资料、中间无换井、系列连续性较好的 92 眼浅层地下水观测井作为评价依据站。

本次评价收集、采用了菏泽市尽可能翔实的地形地貌以及水文地质资料，水文气象资料，地下水埋深资料，地下水实际开采量资料，引水灌溉资料，土地利用资料，水均衡试验场、抽（压）水试验等试（实）验成果资料等。

（二）评价分区

菏泽市只有平原区，无山丘区，因此地下水资源量评价仅针对平原区进行评价。

本次评价菏泽市划分地下水Ⅰ级类型区 1 个，Ⅱ级类型区 1 个，Ⅲ级类型区 2 个：黄河干流区 479 km^2，湖西平原区 11 749 km^2。13 个汇总单元，30 个计算单元。

（三）评价方法与参数

平原区地下水资源量采用补给量法计算，同时需计算排泄量，以进行水均衡分析，计算相对均衡差，以校验各项补给量、各项排泄量及地下水蓄变量计算成果的可靠性。无计算误差的水均衡公式为

$$Q_{总补}-Q_{总排}=\Delta W$$

考虑计算误差后，水均衡公式为

$$X=Q_{总补}-Q_{总排}-\Delta W$$

$$\delta=\frac{X}{Q_{总补}}$$

式中：$Q_{总补}$、$Q_{总排}$、ΔW、X分别为2001～2016年多年平均地下水总补给量、地下水总排泄量、地下水蓄变量、绝对均衡差，万m^3；δ为2001～2016年多年平均相对均衡差（无量纲，用百分数表示）。

当$|\delta|\leqslant 10\%$时，均衡单元的各项补给量、排泄量及地下水蓄变量即可确定。

在满足水均衡差标准后，计算分析单元的地下水资源量。各分析单元的地下水总补给量扣除井灌回归补给量后，为地下水资源量。

水文地质参数是平原区地下水资源量评价的重要依据，包括给水度（μ）、渗透系数（K）、降水入渗补给系数（α）、河道损失水量修正系数（λ）、渠系渗漏补给系数（m）、渠灌田间入渗补给系数（β）、井灌回归补给系数（β^*）、潜水蒸发系数（C）、基径比（ζ）等。主要水文地质参数的名称、定义、影响因素及定量方法等见表2-8。要求在第二次全省水资源调查评价主要水文地质参数成果的基础上，并参考第二次全国水资源调查评价北方平原区主要水文地质参数成果，根据近年来试（实）验资料及研究成果等，提出近期下垫面条件下的水文地质参数成果。

菏泽市主要水文地质参数详见表2-9~表2-14。

表2-8　主要水文地质参数

名称	符号	定义	单位	影响因素	定量方法
给水度	μ	饱和岩土层中重力水的体积与该饱和岩土层体积的比值	无量纲	岩土层的岩性及其特征	地下水均衡试验场蒸渗仪测定，采集原状土进行简易测筒试验；经验取值法
渗透系数	K	岩土层的透水能力。用水力坡度为1时，单位时间透过单位面积岩土介质的渗漏量	m/d	岩土层的岩性及其特征	稳定流或非稳定流抽水试验法，是经验取值法

续表 2–8

名称	符号	定义	单位	影响因素	定量方法
降水入渗补给系数	α	在某时间段内，单位面积上降水入渗补给地下水的水量与该时间段内总降水量的比值	无量纲	包气带岩土层厚度、岩性及其特征，微地形地貌特征，次降水量的大小及其降水强度，降水前包气带含水量，植被状况	地下水均衡场蒸渗仪测定,专门降水入渗试验,借用因降水造成地下水位上升资料计算，均衡法，类比法
河道损失水量修正系数	λ	上、下游两个水文站断面间河道水面蒸发量，两岸浸润带蒸发量之和占河道损失水量的比值	无量纲	河道衬砌情况、当地水面蒸发强度及河道岸边包气带岩性、地下水埋深和河道过水时间	水文分析法、经验取值法
渠系渗漏补给系数	m	在某时间段内，某渠系渗漏补给地下水的水量与该时间段内该渠系渠首引水量的比值	无量纲	渠系长度、宽度及过水时间，渠系防渗衬砌状况，渠系两侧地下水埋深，渠系过水水位，渠系两侧包气带岩性及其特征，渠系两侧浸润带在渠系过水前的含水量，渠系过水期间的降水量及水面蒸发量	采用干、支两级渠系水有效利用系数计算，专门试验，借用因渠系引水造成两侧地下水水位上升资料计算，类比法
渠灌田间入渗补给系数	β	某时间段内，某斗渠控制的渠灌区内，渠灌水入渗补给地下水的水量与该斗渠渠首在该时间段引水量的比值	无量纲	包气带岩土层厚度、岩性及其特征，灌溉前包气带含水量，灌溉方式及亩次灌水定额，年灌溉次数，灌溉期间的降水量及水面蒸发量，渠灌区土地平整状况	地下水均衡场蒸渗仪测定,专门灌溉试验，经验取值法，类比法
井灌回归补给系数	β^{*}	用于农业灌溉的地下水开采量中，入渗补给地下水的水量与用于农业灌溉的地下水开采量的比值	无量纲	包气带岩土层厚度、岩性及其特征，井灌区土地平整状况，亩次灌水定额，年灌溉次数，灌溉前包气带含水量，灌溉期间降水量及水面蒸发量	地下水均衡场蒸渗仪测定，专门灌溉试验；经验取值法，类比法
潜水蒸发系数	C	同一时间段在同一面积上潜水蒸发量与水面蒸发量的比值	无量纲	地下水埋深、岩性及其特征，植被状况，水面蒸发强度	地下水均衡场蒸渗仪测定，经验公式计算法，类比法
基径比	ζ	某水文站断面天然河川基流量与天然河川径流量的比值	无量纲	产汇流区地形地貌特征、地质构造发育及植被状况，河道两岸阶地宽度及岩土层厚度、岩性及其特征，产汇流区降水频次及次降水强度	有水文站断面河川径流监测资料时，利用切割的天然河川基流量和天然河川径流量直接计算，类比法

表 2-9　山东省黄泛平原区各种松散岩土给水度（μ）综合取值

岩性	黏土	亚黏土	亚砂土	粉砂	细砂	中砂	粗砂
μ 值	0.03	0.04	0.06	0.065	0.08	0.12	≥ 0.15

表 2-10　山东省山前平原区各种松散岩土给水度（μ）综合取值

岩性	变化范围	采用值	岩性	变化范围	采用值
黏土	0.02 ~ 0.05	0.035	细砂	0.07 ~ 0.15	0.08
亚黏土	0.03 ~ 0.06	0.045	中砂	0.09 ~ 0.20	0.14
亚砂土	0.04 ~ 0.07	0.055	粗砂	0.15 ~ 0.25	0.18
粉砂	0.05 ~ 0.11	0.070	砾石	0.20 ~ 0.35	0.25

表 2-11　山东省平原区潜水蒸发系数（C）取值

包气带岩性	年均浅层地下水埋深（m）						
	0.5 ~ 1.0	1.0 ~ 1.5	1.5 ~ 2.0	2.0 ~ 2.5	2.5 ~ 3.0	3.0 ~ 3.5	3.5 ~ 4.0
亚砂土	0.72 ~ 0.43	0.43 ~ 0.26	0.26 ~ 0.15	0.15 ~ 0.07	0.07 ~ 0.02	0.02 ~ 0	
粉细砂	0.45 ~ 0.29	0.29 ~ 0.16	0.16 ~ 0.07	0.07 ~ 0.02	0.02 ~ 0		
亚黏土	0.37 ~ 0.23	0.23 ~ 0.14	0.14 ~ 0.08	0.08 ~ 0.04	0.04 ~ 0.02	0.02 ~ 0.004	0.004 ~ 0

表 2-12　山东省平原区灌溉入渗补给系数（β）综合取值

灌区类型	灌水定额[m^3/（亩·次）]	年均地下水埋深（m）	
		< 4 m	≥ 4 m
引黄灌溉		0.25 ~ 0.30	
引河、湖、库灌溉		0.20 ~ 0.25	
井灌	< 50	0.11 ~ 0.15	0.05 ~ 0.10
	≥ 50	0.16 ~ 0.20	0.10 ~ 0.15

表 2-13　山东省平原区各种松散岩土渗透系数（K）取值

岩性	黏土、亚黏土	亚砂土	粉砂	细砂	中砂	粗砂	砂石、砂砾石
K 值（m/d）	0.1 ~ 0.5	0.3 ~ 1	1.0 ~ 5	3 ~ 15	8 ~ 25	20 ~ 50	≥ 50

表 2-14　山东省平原区降水入渗补给系数（α）综合取值

岩性	年降水量（mm）	不同地下水埋深（m）的α值											
		1	1.5	2	2.5	3	3.5	4	4.5	5	5.5	6	6.5
粉细砂	300 ~ 400	0.09	0.13	0.18	0.21	0.20	0.18	0.17	0.15	0.14	0.13	0.13	0.13
	400 ~ 500	0.10	0.15	0.20	0.23	0.24	0.22	0.20	0.18	0.16	0.16	0.15	0.15
	500 ~ 600	0.11	0.17	0.21	0.25	0.26	0.25	0.23	0.21	0.19	0.18	0.17	0.17
	600 ~ 700	0.12	0.19	0.24	0.27	0.28	0.27	0.26	0.24	0.22	0.20	0.19	0.19
	700 ~ 800	0.13	0.20	0.25	0.29	0.30	0.29	0.28	0.26	0.24	0.22	0.21	0.20
	>800	0.15	0.21	0.26	0.30	0.31	0.31	0.29	0.27	0.25	0.23	0.22	0.21
亚砂土	300 ~ 400	0.09	0.13	0.17	0.20	0.19	0.18	0.16	0.15	0.13	0.13	0.12	0.12
	400 ~ 500	0.10	0.15	0.19	0.22	0.22	0.20	0.18	0.17	0.15	0.15	0.14	0.14
	500 ~ 600	0.11	0.16	0.21	0.24	0.25	0.24	0.22	0.20	0.18	0.17	0.16	0.16
	600 ~ 700	0.12	0.18	0.23	0.26	0.27	0.27	0.25	0.23	0.21	0.19	0.19	0.18
	700 ~ 800	0.14	0.20	0.24	0.28	0.29	0.29	0.26	0.25	0.23	0.21	0.20	0.19
	>800	0.14	0.21	0.25	0.29	0.30	0.30	0.28	0.26	0.24	0.22	0.21	0.20
亚砂亚黏互层	300 ~ 400	0.08	0.12	0.15	0.17	0.17	0.15	0.14	0.13	0.12	0.12	0.11	0.11
	400 ~ 500	0.09	0.13	0.17	0.20	0.20	0.19	0.17	0.16	0.15	0.14	0.13	0.12
	500 ~ 600	0.10	0.15	0.19	0.22	0.23	0.22	0.20	0.18	0.17	0.16	0.15	0.15
	600 ~ 700	0.11	0.16	0.20	0.23	0.24	0.23	0.22	0.20	0.19	0.18	0.17	0.16
	700 ~ 800	0.13	0.18	0.22	0.25	0.26	0.25	0.23	0.21	0.20	0.19	0.18	0.17
	>800	0.13	0.18	0.23	0.25	0.27	0.26	0.25	0.23	0.21	0.19	0.18	0.17
亚黏土	300 ~ 400	0.06	0.11	0.15	0.16	0.15	0.14	0.12	0.11	0.10	0.09	0.08	0.08
	400 ~ 500	0.07	0.12	0.16	0.18	0.18	0.16	0.15	0.13	0.12	0.11	0.11	0.10
	500 ~ 600	0.08	0.13	0.18	0.20	0.20	0.19	0.17	0.15	0.14	0.13	0.12	0.12
	600 ~ 700	0.09	0.14	0.19	0.22	0.22	0.21	0.19	0.17	0.16	0.15	0.14	0.13
	700 ~ 800	0.10	0.16	0.21	0.24	0.24	0.22	0.21	0.19	0.17	0.16	0.15	0.14
	>800	0.10	0.17	0.22	0.25	0.25	0.24	0.22	0.20	0.18	0.17	0.16	0.15
黏土	300 ~ 400	0.06	0.09	0.12	0.14	0.14	0.12	0.11	0.09	0.08	0.07	0.07	0.07
	400 ~ 500	0.07	0.10	0.14	0.16	0.16	0.14	0.12	0.11	0.10	0.09	0.08	0.08
	500 ~ 600	0.08	0.11	0.15	0.17	0.17	0.15	0.13	0.12	0.11	0.10	0.10	0.09
	600 ~ 700	0.08	0.12	0.16	0.19	0.19	0.17	0.15	0.14	0.13	0.12	0.11	0.10
	700 ~ 800	0.09	0.13	0.17	0.20	0.20	0.18	0.17	0.15	0.14	0.13	0.12	0.11
	>800	0.09	0.13	0.18	0.21	0.21	0.20	0.18	0.16	0.15	0.14	0.12	0.12

二、地下水资源量

（一）矿化度 $M \leqslant 2$ g/L 的地下水资源量

菏泽市多年平均地下水资源量 167 465 万 m^3。计算面积、地下水总补给量（$M \leqslant 2$ g/L）及各项补给量的评价成果、地下水总排泄量（$M \leqslant 2$ g/L）及各项排泄量的评价成果，见附表 5。

各县区地下水资源量及评价成果见附表 6。

菏泽市地下水资源量评价类型区分布见附图 11、菏泽市 2001 ~ 2016 年浅层地下水埋深变化分区见附图 12。

（二）矿化度 M>2 g/L 的地下水补给量

菏泽市矿化度 M>2 g/L 地下水的分布在除定陶外的各个县（区），面积 2 342 km^2，其中 2 g/L < $M \leqslant 3$ g/L 的面积 1 979 km^2，3 g/L < $M \leqslant 5$ g/L 的面积 363 km^2。

菏泽市矿化度 M> 2 g/L 地下水补给量为 39 366 万 m^3，其中 2 g/L < $M \leqslant 3$ g/L 为 33 552 万 m^3，3 g/L < $M \leqslant 5$ g/L 为 5 814 万 m^3，见附表 7。

三、补排结构

（一）空间结构

2001 ~ 2016 年菏泽市降水入渗补给量、补给模数分别为 138 328 万 m^3、14.5 万 m^3/km^2；地下水总补给量、补给模数分别为 178 080 万 m^3、18.7 万 m^3/km^2；地下水资源量、模数分别为 167 465 万 m^3、17.6 万 m^3/km^2。

各县（区）中，2001 ~ 2016 年降水入渗补给模数成武县最大，为 16.7 万 m^3/km^2；东明县最小，为 11.3 万 m^3/km^2；其他县（区）在 13.4 万 ~ 15.9 万 m^3/km^2。地下水总补给量模数鄄城县最大，为 21.8 万 m^3/km^2；郓城县、单县最小，为 17.5 万 m^3/km^2；其他县（区）在 18.1 万 ~ 20.7 万 m^3/km^2。地下水资源量模数鄄城县最大，为 20.4 万 m^3/km^2；单县最小，为 16.5 万 m^3/km^2；其他县（区）在 1 6.7 万 ~ 20.1 万 m^3/km^2。

菏泽市多年平均降水入渗补给量模数分区（2001 ~ 2016 年）见附图 13、菏泽市多年平均地下水资源量模数分区（2001 ~ 2016 年）见附图 14。

（二）补给结构

菏泽市地下水资源量中，降水入渗补给量占 82.6%，沿黄县（区）比非沿黄县（区）占比要低，东明县占比最低，为 56.1%；单县占比最高，为 95.2%。地表水体补给量占 17.4%，沿黄县（区）比非沿黄县（区）占比高，东明县占比最高为 43.9%，单县占比最低为 4.8%。

（三）排泄结构

菏泽市地下水资源量中，人工开采量所占比例最大，为 54.3%，沿黄县（区）比非沿黄县（区）所占比例低，东明县最低，为 28.1%；成武县最高，为 78.9%。自然排泄量所占比例为 16.1%，沿黄县（区）比非沿黄县（区）所占比例高，东明县最高，77.4%；单县最低，为 0.8%。

四、变化趋势

菏泽市地下水资源的补给主要来源于大气降水，降水入渗补给量占地下水资源量的85%以上,因此地下水资源量与降水量的变化密切相关,降水入渗补给量的年际变化，基本代表地下水资源量年际变化，但地下水资源量的年际变化幅度比降水量的年际变化幅度大。

全市水资源调查评价地下水资源量评价部分分两个系列年份进行评价：2001 ~ 2016年系列和1980 ~ 2016年系列。本次评价要求以2001 ~ 2016年作为近期下垫面条件，对1980 ~ 2000年地下水资源量评价成果进行修正，形成1980 ~ 2016年多年平均地下水资源量。评价计算面积为9 521 km^2。

2001 ~ 2016年全市降水入渗补给量、补给模数分别为138 328万m^3、14.5万m^3/km^2，分别较全省二次评价（1980 ~ 2000年系列，下同）偏多1.5%、9.2%；地下水总补给量、补给模数分别为178 080万m^3、18.7万m^3/km^2，分别较二次评价偏多4.7%、12.0%；地下水资源量、模数分别为167 465万m^3、17.6万m^3/km^2，分别较二次评价偏多0.3%、7.2%。

1980 ~ 2016年全市降水入渗补给量、补给模数分别为126 199万m^3、13.3万m^3/km^2，分别较二次评价偏少7.4%、0.3%；地下水总补给量、补给模数分别为165 950万m^3、17.4万m^3/km^2，分别较二次评价偏少2.4%、偏多4.4%；地下水资源量、模数分别为155 335万m^3、16.3万m^3/km^2，分别较二次评价偏少7.0%、0.5%，见表2–15。

表2–15 菏泽市平原区多年平均浅层地下水资源量比较（矿化度$M \leq 2$ g/L）

系列	计算面积（km^2）	降水入渗补给量（万m^3）	降水入渗补给模数（万m^3/km^2）	地下水总补给量（万m^3）	地下水总补给量模数（万m^3/km^2）	地下水资源量（万m^3）	地下水资源量模数（万m^3/km^2）
二次评价	10 208	136 256	13.3	170 028	16.7	166 971	16.4
2001 ~ 2016年	9 521	138 328	14.5	178 080	18.7	167 465	17.6
与二次比（%）	–6.7	1.5	9.2	4.7	12.0	0.3	7.2
1980 ~ 2016年	9 521	126 199	13.3	165 950	17.4	155 335	16.3
与二次比（%）	–6.7	–7.4	–0.3	–2.4	4.4	–7.0	–0.5

第五节 水资源总量

一、水资源总量

水资源总量是指当地降水形成的地表和地下产水量，即地表径流量与降水入渗补给量之和。由地表水资源量加上地下水与地表水资源的不重复量求得。

水资源总量可根据平原区河川径流量、降水入渗补给量和平原河道排泄量，采用下式计算。

$$W_{总} = R + P_r - Q_{Pr}$$

$$Q_{Pr} \approx Q_{河排} \times (P_r / Q_{总补})$$

式中：P_r 为降水入渗补给量，万 m^3；R 为河川径流量（地表水资源量），万 m^3；Q_{Pr} 为降水入渗补给量所形成的河道排泄量，万 m^3；$Q_{河排}$为平原河道的总排泄量，万 m^3；$Q_{总补}$为地下水的总补给量，万 m^3。

水资源总量计算资料系列要求反映 2001 年以来近期下垫面条件，与地表水资源量评价同步期系列一致。

公式中各分量可直接采用地表水和地下水资源量评价的系列成果。根据近期下垫面条件下的地表水资源量和地下水资源量，提出水资源四级区套县级行政区 1956 ~ 2016 年水资源总量系列。并在此基础上进一步提出三级、四级水资源分区和地级、县级行政分区 1956 ~ 2016 年水资源总量系列。

菏泽市湖西平原区 1956 ~ 2016 年多年平均水资源总量为 183 408 万 m^3，20%、50%、75%、95% 频率下的水资源总量分别为 250 229 万、173 518 万、124 831 万、72 714 万 m^3。1980 ~ 2016 年多年平均水资源总量为 170 270 万 m^3，20%、50%、75%、95% 频率下的水资源总量分别为 232 281 万、163 677 万、119 700 万、71 180 万 m^3。

菏泽市黄河干流区 1956 ~ 2016 年多年平均水资源总量为 6 948 万 m^3，20%、50%、75%、95% 频率下的水资源总量分别为 8 822 万、6 019 万、4 261 万、2 407 万 m^3。1980 ~ 2016 年多年平均水资源总量为 6 690 万 m^3，20%、50%、75%、95% 频率下的水资源总量分别为 8 201 万、5 825 万、4 295 万、2 614 万 m^3。

菏泽市 1956 ~ 2016 年多年平均水资源总量为 190 355 万 m^3，20%、50%、75%、95% 频率下的水资源总量分别为 258 965 万、179 576 万、129 189 万、75 253 万 m^3。1980 ~ 2016 年多年平均水资源总量为 176 960 万 m^3，20%、50%、75%、95% 频率下的水资源总量分别为 240 523 万、169 485 万、123 947 万、74 358 万 m^3。

菏泽市水资源分区年水资源总量见附表 8，菏泽市行政分区年水资源总量见附表 9。

二、空间分布

根据菏泽市多年平均分区水资源总量成果，多年平均水资源总量产水系数为 0.24，产水模数为 15.6 万 m^3/km^2。

各县（区）中，产水模数最大的单县为 19.8 万 m^3/km^2，主要是因为单县居于菏泽市最东南部，年均降水量较大；最小的鄄城县为 8.5 万 m^3/km^2，主要是因为鄄城县矿化度 $M \leq 2$ g/L 的面积所占比例较小。

各县（区）中，产水模数在 15 万 ~ 20 万 m^3/km^2 的县（区）有单县、曹县、定陶区、成武县、郓城县，在 10 万 ~ 15 万 m^3/km^2 的县（区）有牡丹区、东明县、巨野县，产水模数小于 10 万 m^3/km^2 的县（区）为鄄城县。

三、变化趋势

菏泽市 1956 ~ 2016 年年均产水模数为 15.6 万 m^3/km^2，1956 ~ 2000 年年均产水模数为 15.3 万 m^3/km^2，1980 ~ 2016 年年均产水模数为 14.5 万 m^3/km^2。年水资源总量变化趋势与降水量变化趋势基本一致，见图 2-9。

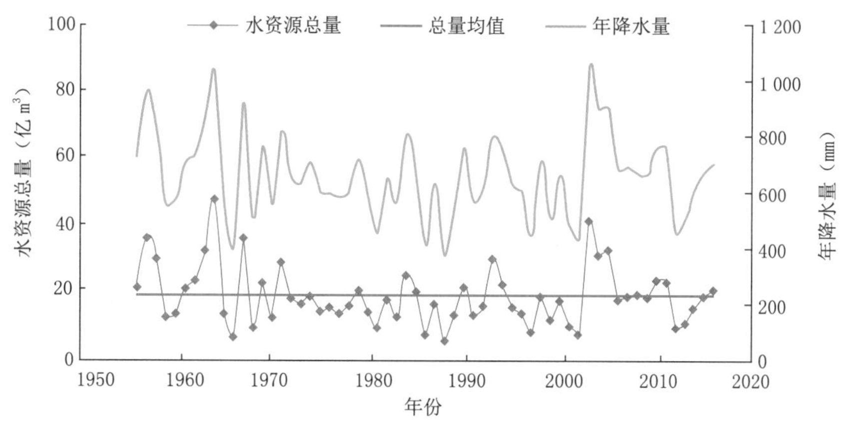

图 2-9 1956 ~ 2016 年菏泽市水资源总量与降水量变化趋势

第六节 水资源可利用量

水资源可利用量评价主要包括地表水资源可利用量、地下水资源可开采量和水资源可利用总量三方面工作，是当地可供利用的水资源量。

一、地表水可利用量

（一）评价方法

地表水资源可利用量指在可预见的时期内，统筹考虑生活、生产和生态环境用水，协调河道内与河道外用水的基础上，通过技术可行的措施在现状下垫面条件下的当地地表水资源量中可供河道外耗用的一次性最大水量。本次地表水资源可利用量估算所指预见期为 2030 年，采用 1956 ~ 2016 年资料系列。

多年平均地表水资源可利用量为地表水资源量扣除河道内生态环境需水量后的水量。采用下式计算：

$$W_{地表水可利用量}=W_{地表水资源量}-W_{生态需水}$$

式中：$W_{地表水资源量}$为多年平均地表水资源量；$W_{生态需水}$为河道内生态环境需水量。

（二）地表水可利用量

由地表水资源可利用量计算公式可知，地表水资源量的计算关键在于确定 $W_{生态需水}$ 的大小。

1. 河道内基本生态环境需水量

考虑到山东省大部分地区均处于半湿润半干旱气候带，径流年内年际变化大，水资源控制调节难度大，属水资源短缺地区，天然条件下即存在河道断流现象，河道内基本生态环境需水量采用天然年径流量的一定比值计算，并考虑与水生态专题相关成果协调一致。

2. 汛期难以控制利用洪水量

采用汛期天然径流量减去流域调蓄和耗用的最大水量，剩余的水量即为汛期难以控制利用下泄洪水量。汛期流域调蓄和耗用的最大水量 W_m，采用 1990 年以来汛期实际调蓄和耗用水量（由天然径流量与实测径流量之差计算）中的最大值。

用汛期天然径流系列资料 $W_{天}$减去 W_m 得逐年汛期难以控制利用洪水量 $W_{泄}$（若 $W_{天}-W_m<0$，则 $W_{泄}$为 0），并计算其多年平均值。

$$W_{泄}=1/n\times\Sigma(W_{i天}-W_m)$$

式中：$W_{泄}$为多年平均汛期难以控制利用洪水量；$W_{i天}$为第 i 年汛期天然径流量；W_m 为流域汛期最大调蓄及用水消耗量；n 为系列年数。

本次估算采用系列为 1956 ~ 2016 年。

对采用倒算法的各分区，首先估算各分区控制站以上的可利用量。根据各控制站可利用率或综合可利用率乘以分区地表水资源量得到该分区地表水可利用量。

本次评价，山东省水资源三级区多年平均地表水资源量的计算中，湖西区采用倒算法，分别计算分区内各控制站断面以上的地表水资源可利用率，将各控制站断面以上的地表水资源可利用率进行综合得到已控区的地表水资源可利用率，乘以各分区的地表水资源量，即得到各分区的地表水资源可利用量。菏泽市属于水资源三级区的湖西区，参考全省本次评价湖西区地表水资源可利用率 44.3% 的成果，综合确定菏泽市多年平均（1956 ~ 2016 年）地表水资源可利用量为 29 307 万 m³，见表 2-16。

表 2-16　菏泽市各县（区）多年平均地表水资源可利用量成果

县（区）	面积（km²）	地表水资源量（万 m³）	地表水资源可利用量（万 m³）	备注
牡丹区	943.5	3 963	1 756	
开发区	232.5	977	433	
高新区	236	991	439	
定陶区	844	3 903	1 729	
曹县	1 969	11 523	5 105	
单县	1 666	11 460	6 077	
成武县	996	5 854	2 593	
巨野县	1 305	5 991	2 854	
郓城县	1 639	8 304	3 679	
鄄城县	1 030	4 820	2 135	

续表 2–16

县（区）	面积（km^2）	地表水资源量（万 m^3）	地表水资源可利用量（万 m^3）	备注
东明县	1 367	5 660	2 507	
合计	12 228	63 446	29 307	

各县（区）在水资源开发利用、规划设计工作中应用本次地表水资源可利用量评价成果时，应当充分考虑地表水资源量年内分配不均匀、年际变化较降水量变化更剧烈、更大的特性，地表水资源可利用量评价成果为多年平均估算值，在枯水年份或月份有可能面临地表水资源可利用量为 0 的极端状况。

二、平原区地下水可开采量

（一）评价方法

地下水可开采量是指在保护生态环境和地下水资源可持续利用的前提下，通过经济合理、技术可行的措施，在近期下垫面条件下可从含水层中获取的最大水量。

根据《第三次全国水资源调查评价平原区地下水可开采量计算方法（试行）》，按照“多种方法、综合分析、从严选用”的原则，综合考虑生态环境保护、地下水开采条件等因素，以不超过按本方法确定的成果为宜，合理确定平原区矿化度 $M \leqslant 2$ g/L 的浅层地下水可开采量评价成果。基本测算公式为

$$W_{可开采量} = \mathrm{Min}（W_{总补给量} - \Omega \cdot W_{不允许袭夺排泄量}，0.90W_{总补给量}）$$

式中：Ω 为不允许袭夺系数，其取值范围参见表 2–17；$W_{总补给量}$、$W_{不允许袭夺排泄量}$中各项量，可近似采用《全省水资源调查评价技术细则》附表 5–3–2 中成果。

表 2–17 参数取值范围

现状开采情况	现状地下水埋深情况	现状开采条件	不允许袭夺系数 Ω 取值范围
$W_{实际开采量} \leqslant W_{总补给量}$	$Z_{埋深} \leqslant 6$ m	开采条件较好，含水层分布均匀	0.3 ~ 0.5
		开采条件一般，含水层较不均匀	0.4 ~ 0.6
		开采条件较差，含水层不均匀	0.5 ~ 0.7
	$Z_{埋深} > 6$ m	开采条件较好，含水层分布均匀	0.6 ~ 0.8
		开采条件一般，含水层较不均匀	0.7 ~ 0.9
		开采条件较差，含水层不均匀	0.8 ~ 1.0
$W_{实际开采量} > W_{总补给量}$	—	—	1.0 ~ 1.2

对现状实际开采量大于或等于总补给量等地下水开发利用程度较高、2001 ~ 2016 年地下水埋深呈整体持续增加趋势的单元，需结合地下水实际开采量、地下水埋深变化情况，对初步测算的可开采量成果进行校验。可开采量一般应满足如下条件：

$$W_{可开采量} \leqslant W_{实际开采量} + W_{蓄变量}$$

式中：$W_{实际开采量}$、$W_{蓄变量}$可采用《全省水资源调查评价技术细则》附表 5–3–2 中成果。

对不满足上述条件的单元，需调整初步测算的可开采量成果。

取区域可开采量计算成果、按本方法计算可开采量成果两者中的小值作为可开采量采用成果。

（二）地下水可开采量

根据以上方法，确定菏泽市多年平均地下水可开采量为132 346万m^3。可开采模数为13.9万m^3/km^2，见表2–18、附表10。

附图15菏泽市多年平均浅层地下水可开采量模数分区图。

表2–18　菏泽市各县（区）多年平均地下水资源可利用量成果

县（区）	面积（km^2）	地表水资源量（万m^3）	地下水资源量（万m^3）	备注
牡丹区	943.5	11 140	8 903	
开发区	232.5	3 925	3 146	
高新区	236	3 984	3 193	
定陶区	844	13 944	11 071	
曹县	1 969	31 186	24 893	
单县	1 666	24 780	19 815	
成武县	996	13 903	11 375	
巨野县	1 305	10 498	8 942	
郓城县	1 639	22 718	17 817	
鄄城县	1 030	6 468	5 195	
东明县	1 367	24 918	17 994	
合计	12 228	167 464	132 344	

三、水资源可利用总量

水资源可利用量是指在可预见的时期内，在统筹考虑生活、生产和生态环境用水的基础上，通过经济合理、技术可行的措施在当地水资源中可一次性利用的最大水量。

水资源可利用总量采用地表水资源可利用量与浅层地下水资源可开采量相加再扣除两者之间重复计算量的方法计算。

两者之间的重复计算量主要来自平原区浅层地下水资源量评价中的地表水体补给量和山丘区河川基流量所形成的可开采量。地表水体补给量包括河道渗漏补给量、库塘渗漏补给量、渠系渗漏补给量、渠灌田间入渗补给量等；但在地表水可利用量计算中，已扣除合理的生态环境需水量，该水量中已包括了河道、湖泊、水库、塘坝等渗漏补给量，因此重复计算量仅包括引用地表水灌溉引起的渠系和渠灌田间渗漏补给量的可开采部分。

多年平均水资源可利用总量计算公式：

$$W_{可利用总量}=W_{地表水资源可利用量}+W_{地下水资源可开采量}-W_{重复量}$$

$$W_{重复量}=\rho_{平可}\times(W_{渠渗}+W_{田渗})+\rho_{山可}\times W_{山基}$$

式中：$W_{可利用总量}$为多年平均水资源可利用总量，万 m^3；$W_{地表水资源可利用量}$为多年平均地表水资源可利用量，万 m^3；$W_{地下水资源可开采量}$为多年平均浅层地下水资源可开采量，万 m^3；$W_{重复量}$为多年平均重复计算量，万 m^3；$W_{渠渗}$为多年平均引用地表水灌溉的渠系渗漏补给量，万 m^3；$W_{田渗}$为多年平均田间地表水灌溉入渗补给量，万 m^3；$W_{山基}$为多年平均山丘区河川基流量，万 m^3；$\rho_{平可}$、$\rho_{山可}$为平原区、山丘区浅层地下水可开采系数，可直接采用地下水可开采量评价成果中的系数。

菏泽市多年平均水资源可利用总量 148 287 万 m^3，水资源总量可利用率 77.9%，见表 2-19、附表 11。

表 2-19 菏泽市各县（区）多年平均水资源可利用量成果

县（区）	面积（km^2）	地表水资源量（万 m^3）	地表水资源可利用量（万 m^3）	备注
牡丹区	943.5	13 279	10 344	
开发区	232.5	3 272	2 549	
高新区	236	3 321	2 587	
定陶区	844	14 850	11 568	
曹县	1 969	37 425	29 154	
单县	1 666	33 013	25 717	
成武县	996	17 415	13 566	
巨野县	1 305	15 024	11 704	
郓城县	1 639	26 093	20 327	
鄄城县	1 030	8 780	6 840	
东明县	1 367	17 882	13 930	
合计	12 228	190 355	148 287	

第三章 水资源质量

第一节 地表水质量

一、评价基础

依据《全省水资源调查评价技术细则》，地表水质量调查评价的内容包括天然水化学特征分析、地表水质量现状评价、水功能区水质现状及达标评价、饮用水水源地水质现状及合格评价、地表水质量变化分析、主要污染物入河量6部分。

地表水天然水化学特征评价项目为矿化度、总硬度、钾、钠、钙、镁、重碳酸盐、氯化物、硫酸盐、碳酸盐10项。水化学特征分析只对评价项目的年均值进行评价。菏泽市地表水资源主要来源于降水和黄河客水，菏泽市湖库水主要来源于引黄水，无其他水源汇入，水化学特征值无代表性，本次分析只对2016年菏泽市水文局监测的27个河道站所在的主要河流进行。

地表水质量现状评价采用2016年的监测数据和2017年补充监测的数据（由于2017年监测数据为补充性监测，仅一次，当与2016年全年监测结果冲突时，根据《全省水资源调查评价技术细则》要求以2016年监测结果为准，下同）。共选用45个水质监测站的资料，其中包括32个河道站和13个平原水库站。

水功能区水质现状及达标评价采用2016年监测的25个二级水功能区38个站点的数据和2017年补测的7个水库站的数据。全市共评价32个二级水功能区，其中包括7个国控水功能区、8个省控水功能区（不包括与国控重复的6个功能区）、17个市级水功能区（不包括与国控和省控重复的功能区）。

菏泽市已建11个地表水水源地，本次评价采用2016年监测资料和2017年菏泽市水文局补测的监测资料。

二、天然水化学特征

（一）地表水矿化度

根据2016年监测结果，27个河道站中，矿化度监测结果大于1 000 mg/L的有23个站，占总数的85%；矿化度监测结果小于1 000 mg/L的有4个站，均在东鱼河及其支流上，主要分布在曹县、定陶区、东明县。

（二）地表水硬度

根据2016年监测结果，总硬度监测结果均大于250 mg/L，菏泽市地表水总硬度在300 ~ 800 mg/L。总硬度大于500 mg/L的站点主要分布在巨野县，部分分布在鄄城县和郓城县。其他县区总硬度均在 300 ~ 500 mg/L。

（三）地表水的化学类型

依据 2016 年监测资料，采用阿列金分类法划分水化学类型。菏泽市所监测的 27 个地表水河道站水化学类型中，2 个站点为 C 类 Na 组Ⅱ型，25 个站点为 Cl 类 Na 组Ⅱ型。

三、河流水质

（一）评价方法

（1）评价方法依照 SL 395—2007 规定的单因子评价法进行，即水质类别取参评项目中水质最差项目的类别。

（2）依照 SL 395—2007 的规定，流域或区域水质现状评价的主要污染项目根据单项水质项目污染出现的频率高低确定，排序前三位的为流域或区域的主要污染项目。

（3）湖泊、水库营养状态的评价标准执行 SL 395—2007 第 5.1.1 条规定。评价项目为总磷、总氮和高锰酸盐指数 3 项。评价方法遵循 SL 395—2007 第 5.2 条规定。

（二）水质状况

按水资源分区，菏泽市共划分两个水资源四级区。一个是湖西平原区，属淮河流域，评价河长 718.7 km，Ⅱ类水质河长 110.2 km，占总评价河长的 15.3%；Ⅲ类水质河长 37.6 km，占评价河长的 5.2%；Ⅳ类水质河长 249 km，占评价河长的 34.7%；Ⅴ类水质河长 129.3 km，占评价河长的 18.0%；劣Ⅴ类水质河长 192.6 km，占评价河长的 26.8%。另一个是黄河干流区，属黄河流域，评价河长 176.3 km，全部为Ⅱ类水质，见附图 16。

按行政分区，全市评价总河长为 895.0 km，Ⅱ类水质河长 286.5 km，占总评价河长的 32.0%，主要分布在牡丹区、曹县、定陶区、东明县、鄄城县和郓城县；Ⅲ类水质河长 37.6 km，占评价河长的 4.2%，主要分布在成武县和牡丹区；Ⅳ类水质河长 249.0 km，占评价河长的 27.8%，各县区均有分布；Ⅴ类水质河长 129.3 km，占评价河长的 14.5%，主要分布在曹县、东明县、巨野县、牡丹区、郓城县；劣Ⅴ类水质河长 192.6 km，占评价河长的 21.5%，主要分布在定陶区、巨野县、鄄城县、牡丹区、郓城县、曹县。

菏泽市重点河流水质评价成果黄河水质最好，为Ⅱ类水；东鱼河和东鱼河南支水质较好，主要为Ⅱ类水、Ⅲ类水和Ⅳ类水；鄄郓河、郓巨河和洙水河水质较差，主要为Ⅴ类水和劣Ⅴ类水。

菏泽市境内参评的有 2 个省界水质断面，在黄河干流区，分别为高村和孙口；4 个市界水质监测断面，在湖西平原区，分别为于楼闸、麒麟桥、冯集闸、廉店。6 个断面均为河道站，水质状况按均值法总氮不参评进行评价。

统计全年评价结果，2 个省界断面水质均为Ⅱ类；4 个市界断面中，Ⅳ类水质 2 个断面，Ⅴ类水质 1 个断面，劣Ⅴ类水质 1 个断面。

菏泽市河流水质现状评价结果与第二次水资源调查评价结果相比，水质有明显改善，第二次水资源调查评价菏泽市河流水质全部为Ⅳ类、Ⅴ类和劣Ⅴ类。

（三）变化趋势

根据单站调查评价成果，选取资料较全的 7 个站绘制主要污染物浓度年际变化图，各站变化情况见图 3-1~ 图 3-7。从图中可见，菏泽市地表水 2006~2010 年水质较差，2011 年以后水质逐渐好转。

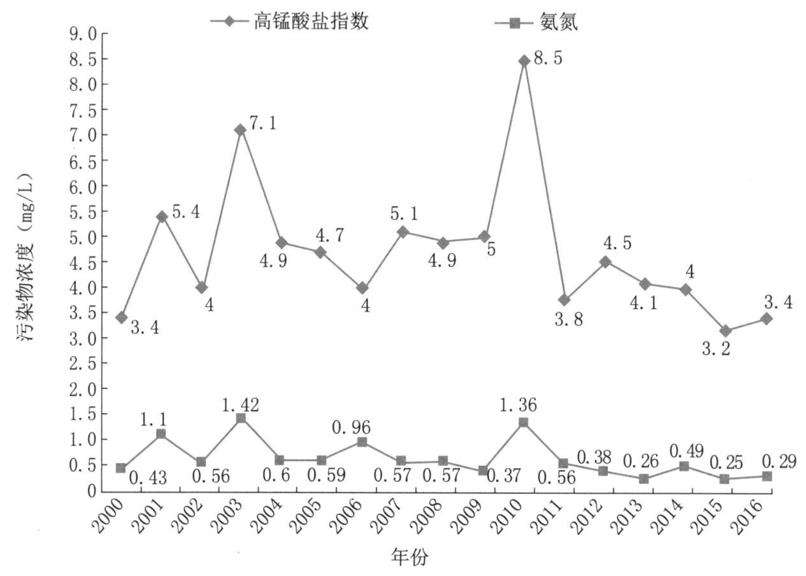

图 3-1　路菜园闸主要污染物浓度年际变化图

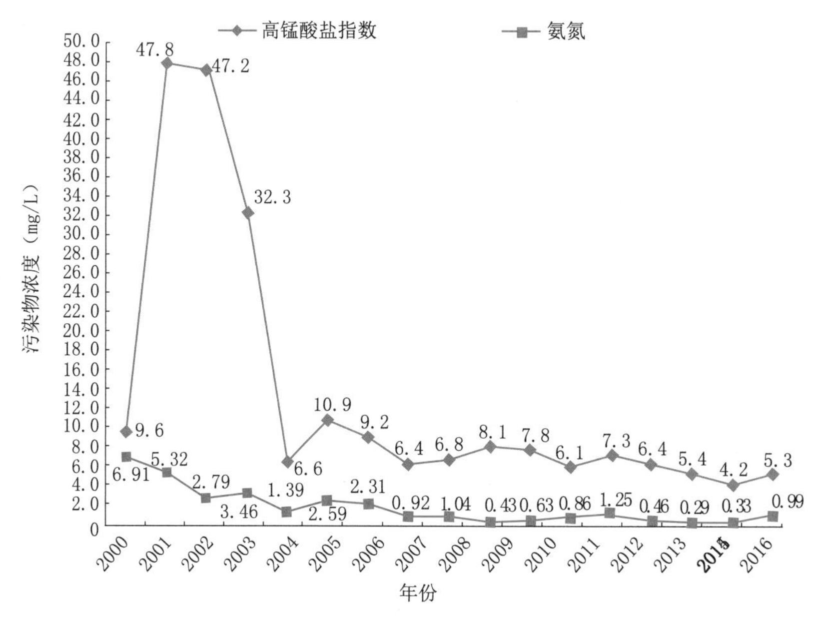

图 3-2　张庄闸主要污染物浓度年际变化图

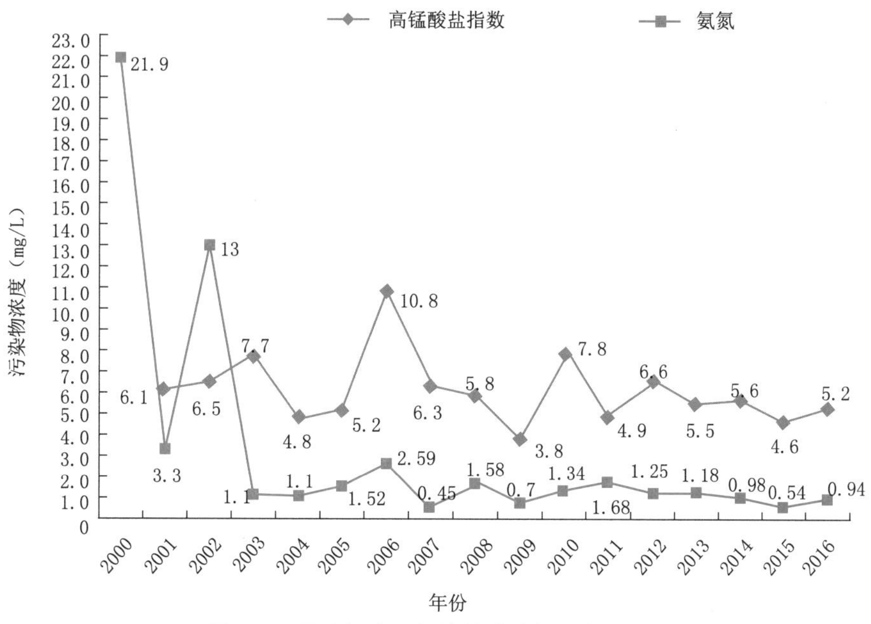

图 3-3 马庄闸主要污染物浓度年际变化图

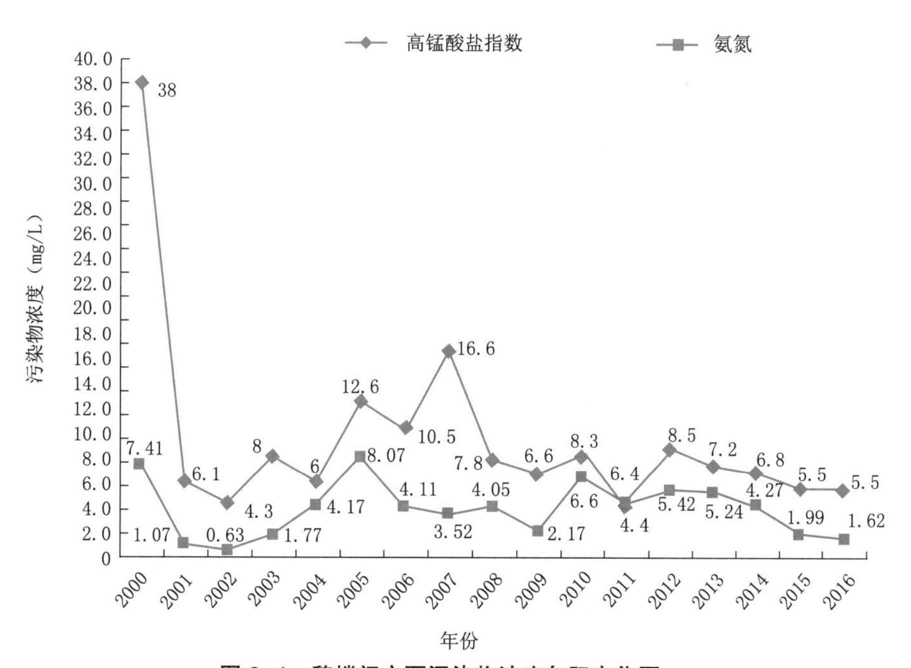

图 3-4 魏楼闸主要污染物浓度年际变化图

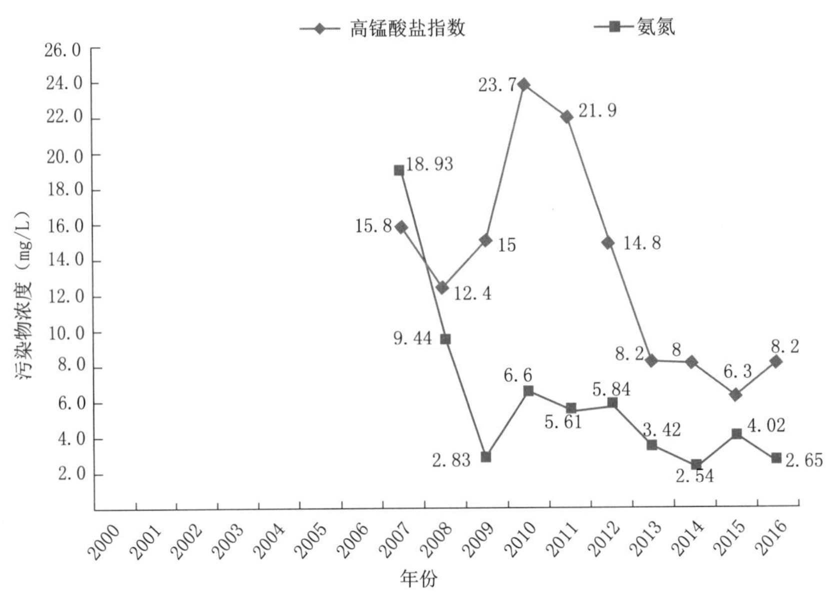

图 3-5　曹寺主要污染物浓度年际变化图

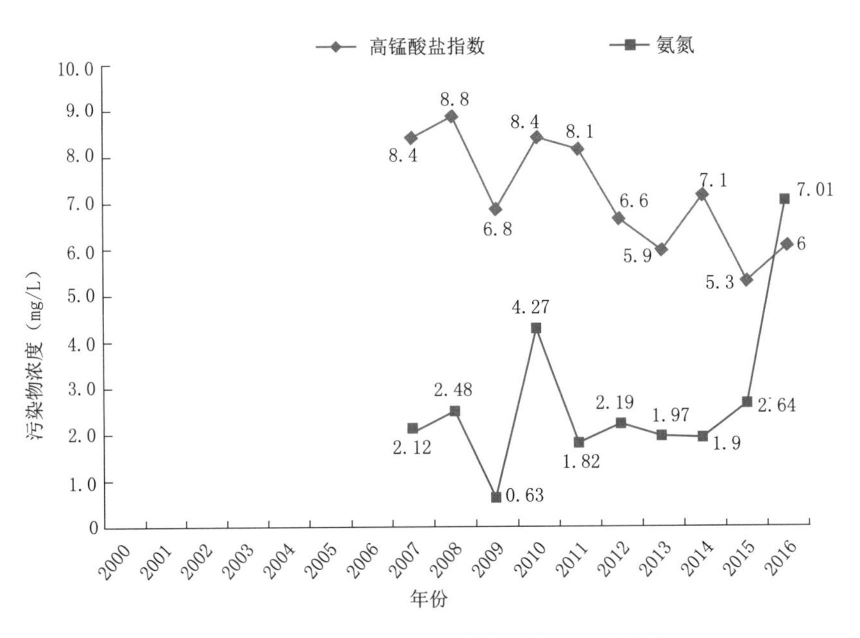

图 3-6　巨野桥主要污染物浓度年际变化图

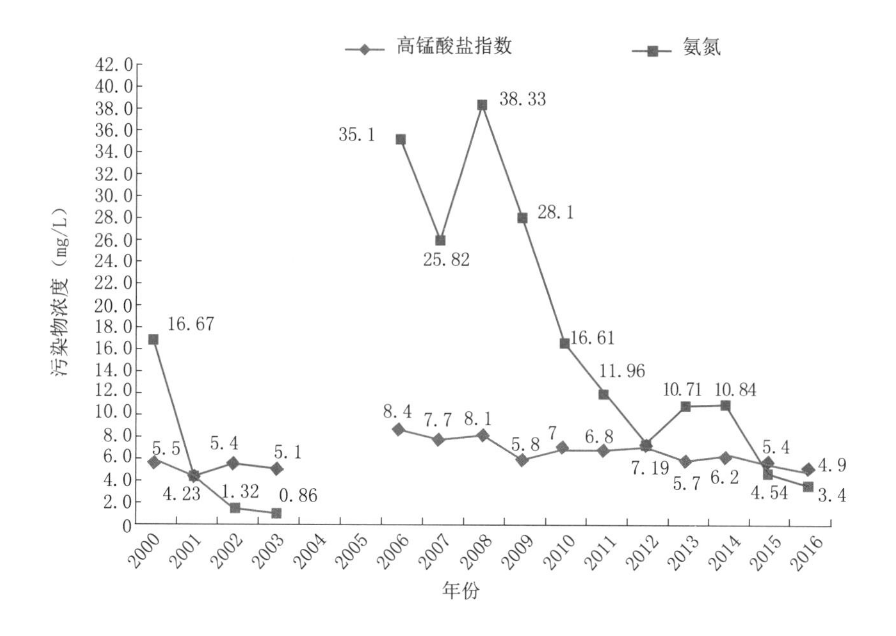

图 3-7 刘庄闸主要污染物浓度年际变化图

菏泽市共监测 6 个省、市界水质断面，统计省、市界水体水质状况，以不同水质类别断面个数和省、市界年度达标评价结果表示，统计结果见表 3-1。

表 3-1 菏泽市省、市界水体水质变化统计

水资源分区				评价个数	年份	省界水体（个数）						省、市界水功能区达标比例（%）
一级区	二级区	三级区	四级区			Ⅰ类	Ⅱ类	Ⅲ类	Ⅳ类	Ⅴ类	劣Ⅴ类	
淮河区	沂沭泗河	湖西区	湖西平原区	4	2012					3	1	50
				4	2013				4			50
				4	2014				2	1	1	75
				4	2015			1	3			100
				4	2016				2	1	1	100
黄河区	花园口以下	花园口以下干流区间	黄河干流区	1	2012		1					100
				1	2013		1					100
				2	2014		2					100
				2	2015		2					100
				2	2016		2					100

菏泽市水功能区监测资料超过 5 年以上，主要为 15 个国控和省控水功能区。统计这 15 个水功能区水质达标情况，以水功能区合格个数和达标率表示。统计成果见表 3-2。

表 3-2　菏泽市水功能区达标率变化统计

<table>
<tr><th colspan="4">水资源分区</th><th rowspan="2">年份</th><th colspan="3">二级水功能区</th><th colspan="3">水功能区合计</th></tr>
<tr><th>一级区</th><th>二级区</th><th>三级区</th><th>四级区</th><th>评价个数</th><th>达标个数</th><th>达标比例（%）</th><th>评价个数</th><th>达标个数</th><th>达标比例（%）</th></tr>
<tr><td rowspan="5">淮河区</td><td rowspan="5">沂沭泗河</td><td rowspan="5">湖西区</td><td rowspan="5">湖西平原区</td><td>2012</td><td>13</td><td>1</td><td>7.69</td><td>13</td><td>1</td><td>7.69</td></tr>
<tr><td>2013</td><td>13</td><td>1</td><td>7.69</td><td>13</td><td>1</td><td>7.69</td></tr>
<tr><td>2014</td><td>13</td><td>5</td><td>38.46</td><td>13</td><td>5</td><td>38.46</td></tr>
<tr><td>2015</td><td>13</td><td>6</td><td>46.15</td><td>13</td><td>6</td><td>46.15</td></tr>
<tr><td>2016</td><td>13</td><td>6</td><td>46.15</td><td>13</td><td>6</td><td>46.15</td></tr>
<tr><td rowspan="5">黄河区</td><td rowspan="5">花园口以下</td><td rowspan="5">花园口以下干流区间</td><td rowspan="5">黄河干流区</td><td>2012</td><td>1</td><td>1</td><td>100.00</td><td>1</td><td>1</td><td>100.00</td></tr>
<tr><td>2013</td><td>1</td><td>1</td><td>100.00</td><td>1</td><td>1</td><td>100.00</td></tr>
<tr><td>2014</td><td>2</td><td>2</td><td>100.00</td><td>2</td><td>2</td><td>100.00</td></tr>
<tr><td>2015</td><td>2</td><td>2</td><td>100.00</td><td>2</td><td>2</td><td>100.00</td></tr>
<tr><td>2016</td><td>2</td><td>2</td><td>100.00</td><td>2</td><td>2</td><td>100.00</td></tr>
</table>

采用季节性 Kendall 检验方法对 14 个省控河道型二级水功能区及 1 个地表水饮用水源地进行趋势分析。

氨氮浓度变化分析：趋势显著上升的水功能区有 2 个，占总数的 14.3%；趋势高度显著下降的水功能区有 3 个，占总数的 21.4%；趋势显著下降的水功能区有 2 个，占总数的 14.3%；趋势无明显升降趋势的水功能区有 7 个，占总数的 50%。

高锰酸盐指数浓度变化分析：趋势高度显著下降的水功能区有 8 个，占总数的 57.1%；趋势显著下降的水功能区有 2 个，占总数的 14.3%；趋势无明显升降趋势的水功能区有 4 个，占总数的 28.6%。

四、水库水质

（一）评价方法

水库的水质类别评价标准选用 GB 3838—2002。评价项目为该标准表 1 中除水温、粪大肠菌群、石油类外的 21 个基本项目（河流不包括总氮）：pH、溶解氧、高锰酸盐指数、化学需氧量、五日生化需氧量、氨氮、总磷、总氮、铜、锌、氟化物、硒、砷、汞、镉、铬、铅、氰化物、挥发酚、阴离子表面活性剂、硫化物。湖库按总氮不参评和参评分别评价。评价方法依照 SL 395—2007 规定的单因子评价法进行，即水质类别取参评项目中水质最差项目的类别。

（二）水质状况

13个平原水库中，成武县九女湖水库、单县浮岗水库、牡丹区南湖水库评价结果为Ⅳ类水质；鄄城县箕山河净水厂水库评价结果为Ⅴ类水质；其余水库水质较好，水质类别达到Ⅱ类或Ⅲ类水质。

（三）变化趋势

水库水质以引黄供水水库为主，其变化趋势相对稳定。

五、水功能区水质

（一）评价方法

水功能区水质现状及达标评价范围为《国家重要江河湖泊水功能区划》和《山东省水功能区划》中的所有水功能区，以及菏泽市政府批复的《菏泽市水功能区划》中的部分水功能区。本次评价的水功能区划32个。菏泽市境内国控和省控水功能区划15个，河长743.6 km。

水功能区评价标准采用GB 3838—2002，评价项目为该标准表1中除水温、粪大肠菌群、石油类以外的21个基本项目。具有饮用水功能的水功能区全因子评价项目增加GB 3838—2002表2中的集中式生活饮用水水源地补充项目硫酸盐、氯化物、硝酸盐氮、铁、锰。评价方法采用《地表水资源质量评价技术规程》（SL 395—2007）中的相关规定。

（二）水质状况

1. 菏泽市全部水功能区评价统计结果

2016年监测的25个水功能区按频次法进行达标评价，统计全年评价结果。全指标评价达标的水功能区有15个，不达标水功能区有10个，达标率为60%。双指标评价达标的水功能区有18个，不达标水功能区有7个，达标率为72%。按年均值法进行水质类别评价，Ⅱ类水质水功能区1个，Ⅲ类水质水功能区7个，Ⅳ类水质水功能区水质14个，Ⅴ类水质水功能区1个，劣Ⅴ类水质水功能区2个。

2017年补测的7个水库型水功能区，监测次数只有1次，按单次评价结果进行统计，达标的水功能区5个，不达标的水功能区2个，见附图17。

2. 省控水功能区评价统计结果

省级水功能区的年度达标评价，按水资源分区统计，湖西平原区评价水功能区13个，达标6个，达标率46.2%；评价河长567.3 km，达标河长246.9 km，达标率43.5%。黄河干流区评价水功能区2个，达标2个，达标率100%；评价河长219.8 km，达标河长219.8 km，达标率100%。

按行政分区统计全指标达标评价，黄河在菏泽市境内为悬河，无入流，从入境至出境水质变化不大，监测站点较少，所以不参与县（区）水功能区达标统计。东明县、定陶区、成武县、曹县4个县（区）的水功能区年度达标率在60%以上，符合2016年菏泽市水功能区达标率控制指标，为2016年水功能区水质达标县（区）。

3. 国控水功能区评价统计结果

菏泽市境内共有7个国家重要江河湖泊水功能区。年度达标评价按水资源分区统计全指标达标评价成果，湖西平原区评价水功能区 5 个，达标 4 个，达标率 80.0%；评价河长 122.0 km，达标河长 89.8 km，达标率 73.6%。黄河干流区评价水功能区 2 个，达标 2 个，达标率 100%；评价河长 176.3 km，达标河长 176.3 km，达标率 100%。按行政分区统计，评价水功能区 13 个，达标 9 个，达标率 69.2%；评价河长 340.0 km，达标河长 246.0 km，达标率 72.5%。黄河干流区不参与行政区统计。

六、地表水饮用水水源地水质

（一）评价方法

列入《全国重要饮用水水源地名录（2016 年）》《山东省重要饮用水水源地名录》的地表水饮用水水源地、县城和县以上城市集中式地表水饮用水水源地，以及人口 10 万人及以上或供水量 10 万 m^3/d 及以上的乡（镇）集中式地表水饮用水水源地。

饮用水水源地水质评价结果以年度水质合格率表示。全年水质合格率为水质合格次数占全年评价次数的百分比，全年水质合格率大于或等于 80% 的饮用水水源地为年度水质合格水源地。

（二）水质状况

菏泽市已建 11 个地表水水源地，本次评价采用 2016 年监测资料和 2017 年补测的监测资料。

1. 总氮不参评评价结果

按总氮不参评评价，11 个地表水饮用水源地中，合格水源地 9 个，不合格水源地 2 个（九女湖水库和箕山河水库），合格率为 81.8%。

2. 总氮参评评价结果

按总氮参评评价，11 个地表水源地中，合格水源地 3 个，不合格水源地 8 个。

全市 11 个地表水水源地，按总氮不参评评价，年度合格率为 45.5%。按总氮参评评价，年度合格率为 27.3%。

第二节　地下水质量

一、评价基础

（1）地下水质量是指地下水的物理、化学和生物性质的总称。

（2）本次地下水质量评价内容包括地下水天然水化学特征分析、地下水水质现状评价、地下水水质变化趋势分析。

（3）本次地下水质量评价对象均为浅层地下水。

（4）本次地下水质量评价以年为评价时段。

（5）将监测指标全面、监测频次不少于每年 2 次的地下水水质监测井作为评价选用井。

（6）本次地下水质量评价，将水资源四级区、县级行政区分别作为汇总单元，进行地下水质量评价。

（7）本次全面收集近年水利、国土等部门的地下水水质监测资料及其他相关资料，开展本次评价工作，并与第二次全国水资源调查评价成果进行对比分析。

本次选用2015年、2016年地下水水化学浅层地下水监测井22眼。由于地下水水化学监测资料的监测井数量较少，代表性不足，按照《地下水监测规范》（SL 183—2005）的相关要求在2017年补充监测了74眼浅层地下水监测井的水质资料。

所选的96眼地下水监测井均为水深小于50 m的浅井，平均井深30 m，在全市范围内基本为均匀分布，满足了每个行政分区至少有8眼选用的水质监测井，曾经发生过地下水超采的基本单元，选用水质监测井适当加密的要求，保证了参与评价的地下水监测井的代表性。地下水监测井水质分析均由通过国家级计量认证的山东省水环境监测中心（网点）完成，保证了地下水监测资料的可靠性。

以《地下水质量标准》（GB/T 14848—2017）为评价标准，采用单指标评价法对各地下水监测井进行水质评价。以地下水酸碱度（用pH表示，下同）、总硬度（用$CaCO_3$表示，下同）、矿化度（用溶解性总固体表示，下同）和K^+、Na^+、Ca^{2+}、Mg^{2+}、Cl^-、SO_4^{2-}、HCO_3^-、CO_3^{2-} 8个离子作为地下水天然水化学特征的评价指标。

以酸碱度、总硬度、矿化度、水化学类型作为地下水天然水化学特征指标。

二、天然水化学特征

（一）地下水水化学类型

1. 分类方法

选用K^++Na^+、Ca^{2+}、Mg^{2+}、HCO_3^-、SO_4^{2-}、Cl^-等监测项目，采用舒卡列夫分类法确定地下水化学类型。根据地下水中6种主要离子（Na^+、Ca^{2+}、Mg^{2+}、HCO_3^-、SO_4^{2-}、Cl^-，K^+合并于Na^+）及矿化度进行地下水化学类型划分。具体步骤如下：

第一步，根据水质分析结果，将6种主要离子中含量大于25%毫克当量的阴离子和阳离子进行组合，可组合出49型水，并将每型用一个阿拉伯数字作为代号，见表3–3。

表3–3 舒卡列夫分类图表

超过25%毫克当量的离子	HCO_3^-	$HCO_3^-+SO_4^{2-}$	$HCO_3^-+SO_4^{2-}+Cl^-$	$HCO_3^-+Cl^-$	SO_4^{2-}	$SO_4^{2-}+Cl^-$	Cl^-
Ca	1	8	15	22	29	36	43
Ca+Mg	2	9	16	23	30	37	44
Mg	3	10	17	24	31	38	45
Na+Ca	4	11	18	25	32	39	46
Na+Ca+Mg	5	12	19	26	33	40	47
Na+Mg	6	13	20	27	34	41	48
Na	7	14	21	28	35	42	49

第二步，按矿化度 M 的大小划分为4组：

A组——$M \leqslant 1.5$ g/L；

B组——1.5 g/L$<M \leqslant 10$ g/L；

C组——10 g/L$<M \leqslant 40$ g/L；

D组——$M>40$ g/L。

第三步，将地下水化学类型用阿拉伯数字（1 ~ 49）与字母（A、B、C或D）组合在一起的表达式表示。例如，1-A型，表示矿化度 M 不大于1.5 g/L的 HCO_3-Ca型水，沉积岩地区典型的溶滤水；49-D型，表示矿化度大于40 g/L的Cl-Na型水，该型水可能是与海水及海相沉积有关的地下水，或是大陆盐化潜水。

根据《细则》要求，将49型水归并为12区：1区（1 ~ 3型），2区（4 ~ 6型），3区（7型），4区（8 ~ 10型、15 ~ 17型、22 ~ 24型），5区（11 ~ 13型、18 ~ 20型、25 ~ 27型），6区（14型、21型、28型），7区（29 ~ 31型、36 ~ 38型），8区（32 ~ 34型、39 ~ 41型），9区（35型、42型），10区（43 ~ 45型），11区（46 ~ 48型），12区（49型）；矿化度 M 划分为4组：A组（$M \leqslant 1.5$ g/L），B组（1.5 g/L$<M \leqslant 10$ g/L），C组（10 g/L$<M \leqslant 40$ g/L），D组（$M>40$ g/L）。

2. 全市地下水水化学类型分布

菏泽市地下水以5区水为主，面积8 010 km^2，占总评价面积的65.5%，在每个县（区）都有分布。2区水面积3 260 km^2，占总评价面积的26.7%，分布在除巨野外的各个县（区）。6区水面积698 km^2，占总评价面积的5.7%，主要分布在鄄城县东部、郓城县西部和单县东北部。8区水面积253 km^2，占总评价面积的2.1%，主要分布在巨野县北部、郓城县南部。4区水面积7 km^2，占总评价面积的0.1%，主要分布在巨野县的部分地区。

黄河干流区总面积479 km^2，占总评价面积的3.9%，主要是5区水和2区水，5区水面积287 km^2，2区水面积192 km^2。

菏泽市浅层地下水化学类型分布图见附图18。

（二）地下水矿化度

根据各评价单元监测井矿化度监测资料，按矿化度含量 $M \leqslant 300$ mg/L、300 mg/L$<M \leqslant 500$ mg/L、500 mg/L$<M \leqslant 1\,000$ mg/L、1 000 mg/L$<M \leqslant 2\,000$ mg/L、2 000 mg/L$<M \leqslant 3\,000$ mg/L、3 000 mg/L$<M \leqslant 5\,000$ mg/L、$M>5\,000$ mg/L的范围要求绘制菏泽市地下水矿化度现状分布图，分别按水资源分区和行政区地下水不同矿化度面积进行统计，菏泽市浅层地下水矿化度分布图见附图19。

全市地下水矿化度以1 000 mg/L$<M \leqslant 2\,000$ mg/L为主，占总评价面积的80.8%，矿化度在2 000 mg/L$<M \leqslant 3\,000$ mg/L、3 000 mg/L$<M \leqslant 5\,000$ mg/L的区域分别占总评价面积的16.2%、3.0%。3 000 mg/L$<M \leqslant 5\,000$ mg/L的区域主要分布在鄄城县东南部和成武县西北部、巨野县西南部，总面积约363 km^2。2 000 mg/L$<M \leqslant 3\,000$ mg/L的区域主要分布在鄄城县中东部、郓城县西部、巨野大部、成武县中部、单县西北部、东明县东南部和曹县西部，总面积约1 979 km^2。

（三）地下水总硬度

全市地下水94%以上面积总硬度含量均在300 mg/L以上。总硬度≤150 mg/L的区域面积约 323 km^2，占总评价面积的 2.6%。总硬度 150 mg/L<N ≤ 300 mg/L 的区域面积约 396 km^2，占总评价面积的 3.2%。总硬度 300 mg/L<N ≤ 450 mg/L 的区域面积约 1 491 km^2，占总评价面积的 12.2%。总硬度 450 mg/L<N ≤ 650 mg/L 的区域面积约 6 330 km^2，占总评价面积的 51.8%。总硬度> 650 mg/L 的区域面积约 3 689 km^2，占总评价面积的 30.2%。

（四）地下水酸碱性

根据各评价单元监测井 pH 监测资料，按 pH<5.5、5.5 ≤ pH<6.5、6.5 ≤ pH ≤ 8.5、8.5<pH ≤ 9.0、pH>9.0 范围要求绘制菏泽市地下水 pH 现状分布图，分别按水资源分区和行政区地下水不同 pH 面积进行统计，菏泽市地下水 pH 现状分布图见附图 20。

菏泽市浅层地下水 pH 全部在 6.5~8.5。

三、地下水水质

（一）评价方法

根据地下水水质监测资料，分别对单井、汇总单元的 2016 年地下水水质类别等进行评价。

本次地下水水质类别评价标准采用《地下水质量标准》（GB/T 14848—93）、《地下水水质标准》（DZ/T 0290—2015），并统称为现行标准。

地下水水质类别评价指标包括酸碱度、总硬度、矿化度、硫酸盐、氯化物、铁、锰、挥发性酚类（以苯酚计，下同）、耗氧量（COD_{Mn} 法，以 O_2 计，下同）、氨氮（以 N 计，下同）、亚硝酸盐、硝酸盐、氰化物、氟化物、汞、砷、镉、铬（六价，下同）、铅。

对 GB/T 14848—93、DZ/T 0290—2015 中均涉及的指标，要求按照最严格的标准评价。对 GB/T 14848—93 中未涉及的指标，要求按 DZ/T 0290—2015 进行评价。

上述指标中，主要受天然因素影响的有酸碱度、总硬度、矿化度、铁、锰、氟化物等。

单井各评价指标的全年代表值分别采用其年内多次监测值的算术平均值。

按照现行标准，采用地图叠加法（一票否决法）进行单井水质类别评价，单井水质类别按评价指标中最差指标的水质类别确定。

（二）水质状况

在单井水质类别评价的基础上，分别统计分析汇总单元内不同水质类别监测井井数及其占评价选用井总数的百分比、Ⅳ类和Ⅴ类指标监测井井数及其占评价选用井总数的百分比。

经统计，全市Ⅳ类水质监测井井数占评价选用井总数的 53%。各县（区）中，定陶区Ⅳ类指标监测井井数占评价选用井总数的百分比最高，为 100%；巨野县、鄄城县占比较低，分别为 0、29%；其他县（区）占比在 40% ~ 70%。

全市Ⅴ类水质监测井井数占评价选用井总数的 47%。各县（区），巨野县Ⅴ类水质监测井井数占评价选用井总数的百分比最高，为 100%；定陶区、曹县、郓城县占比较低，分别为 0、30%、30%；其他县（区）占比在 38% ~ 71%。

菏泽市浅层地下水监测井现状水质类别分布图见附图 21。

（三）变化趋势

本次评价要求对单井、汇总单元2000 ~ 2016年的水质变化趋势进行分析。地下水水质变化趋势分析指标可包括总硬度、矿化度、耗氧量、氨氮、硝酸盐、氟化物、氯化物、硫酸盐。选用数据质量较好、资料完整、具有代表性的监测井，采用评价指标监测值的年均变化率，进行单井地下水水质变化趋势分析。

首先，根据评价指标 i 在2000年（t_1）监测值 C_{i1}、在2016年（t_2）监测值 C_{i2}，计算评价指标 i 监测值的年均变化量 ΔC_i：

$$\Delta C_i = (C_{i2} - C_{i1}) / (t_2 - t_1)$$

评价指标 i 监测值的年均变化率 RC_i 则为

$$RC_i = \Delta C_i / C_{i1} \times 100\%$$

然后，将评价指标 i 的变化趋势分成水质恶化（$RC_i > 5\%$）、水质稳定（$-5\% \leq RC_i \leq 5\%$）和水质改善（$RC_i \leq -5\%$）三类。

在单井水质变化趋势分析的基础上，分别统计分析汇总单元各评价指标的水质恶化、水质稳定、水质改善三类井井数及其占地下水水质变化趋势选用井总数的百分比。菏泽市总硬度、矿化度、氯化物和硫酸盐变化趋势分析选用监测井68眼，耗氧量、氨氮、硝酸盐和氟化物选用50眼。菏泽市地下水水质不同变化趋势的井数和所占比例见表3–4。评价结果显示，总硬度、矿化度、耗氧量、氨氮、氟化物、氯化物和硫酸盐以稳定趋势为主，硝酸盐以改善趋势为主。

表3–4　菏泽市地下水水质变化趋势

监测项目名称	选用监测井数（眼）	水质监测项目变化趋势（眼）			水质监测项目变化趋势（%）		
		水质恶化	水质稳定	水质改善	水质恶化	水质稳定	水质改善
总硬度	68	5	62	1	7.4	91.2	1.5
矿化度	68	21	47	0	30.9	69.1	0
耗氧量	50	2	34	14	4.0	68.0	28.0
氨氮	50	6	26	18	12.0	52.0	36.0
硝酸盐	50	18	11	21	36.0	22.0	42.0
氟化物	50	4	35	11	8.0	70.0	22.0
氯化物	68	23	42	3	33.8	61.8	4.4
硫酸盐	68	24	36	8	35.3	52.9	11.8

总硬度水质恶化、水质稳定、水质改善三类井井数及其占地下水水质变化趋势选用井总数的百分比分别为7.4%、91.2%、1.5%。

矿化度水质恶化、水质稳定、水质改善三类井井数及其占地下水水质变化趋势选用井总数的百分比分别为30.9%、69.1%、0。

耗氧量水质恶化、水质稳定、水质改善三类井井数及其占地下水水质变化趋势选用井总数的百分比分别为4.0%、68.0%、28.0%。

氨氮水质恶化、水质稳定、水质改善三类井井数及其占地下水水质变化趋势选用井总数的百分比分别为 12.0%、52.0%、36.0%。

硝酸盐水质恶化、水质稳定、水质改善三类井井数及其占地下水水质变化趋势选用井总数的百分比分别为 36.0%、22.0%、42.0%。

氟化物水质恶化、水质稳定、水质改善三类井井数及其占地下水水质变化趋势选用井总数的百分比分别为 8.0%、70.0%、22.0%。

氯化物水质恶化、水质稳定、水质改善三类井井数及其占地下水水质变化趋势选用井总数的百分比分别为 33.8%、61.8%、4.4%。

硫酸盐水质恶化、水质稳定、水质改善三类井井数及其占地下水水质变化趋势选用井总数的百分比分别为 35.3%、52.9%、11.8%。

2000 ~ 2016 年全市地下水总硬度、矿化度、耗氧量、氨氮、氟化物、氯化物和硫酸盐以稳定趋势为主，硝酸盐以改善趋势为主。矿化度、氯化物等项目均为背景值项目，与地质条件有关，与人类活动关系不大。硝酸盐和氨氮是受人类活动影响的主要污染物，依据《地下水质量标准》（GB/T 14848—2017）三类水质标准，在参与评价的 74 眼地下水井中，仅有 3 眼井硝酸盐超标、5 眼井氨氮超标。菏泽市浅层地下水质有恶化趋势，人类活动对地下水质有影响，但地下水质污染相对不严重。

第三节 点源主要污染物入河量

一、工作基础

（1）主要污染物入河、入湖（库）量简称主要污染物入河量。主要污染物入河量核算内容包括两部分：一是对点污染源入河量进行调查核算，二是对重要江河湖泊水质造成影响的面污染源入河量进行调查估算。

（2）本次以点污染源入河量核算为重点，调查入河湖库的排污口及其主要污染物入河量，并按照排入全部水域与水功能区两种水域范围统计核算。面源污染物入河量仅对典型区域进行估算，典型区域主要包括：区划涉及湖泊水库、调水水源地或流经水域以及被列入全省重要饮用水水源地名录中的湖库流域。

菏泽面源污染典型区是雷泽湖水库，该水库为人工引黄水库，且有引水专线，水库周围有大堤防护，无其他水源汇入，所以雷泽湖水库不存在面源污染。菏泽市在南四湖的上游，所以做全市的面源污染物入河量调查。

（3）主要污染物指 COD 和氨氮，湖库水体还应包括总氮（TN）和总磷（TP）。

（4）主要污染物入河量调查采用 2016 年的监测数据。

（5）主要污染物入河量按年度进行核算，按照水资源四级区和县级行政区进行统计。

点源主要污染物入河量主要利用入河排污口实测数据获得，具体方法参照《水域纳污能力计算规程》（GB/T 25173—2010）及《入河排污量统计技术规程》（SL 662—2014）的相关规定。

对有水质水量实测资料的入河排污口，根据废污水排放量和水质监测资料，按下式估算主要污染物入河量：

$$W_{排}=10^{-6}\times Q_{排}\times C_{排}$$

式中：$W_{排}$为某种污染物的年入河量，t/年；$Q_{排}$为废污水年入河量，t/年；$C_{排}$为某种污染物的年均入河浓度，mg/L。

二、入河排污口

点源污染物入河量指通过入河排污口（含入河退水口）进入地表水体的废污水及污染物量。点源污染物入河量原则上根据各入河排污口的实测数据进行核算。

点源污染物入河量调查对象为入河排污口。调查所有入河排污口的位置、数量、分布、类型及入河方式、污水性质、排放规律与废污水及主要污染物入河量，以及排入水功能区信息。当前统计有 32 个入河排污口。菏泽市入河排污口分布图见附图 22。

三、主要污染物入河量

2016 年菏泽市主要入河排污口污水入河总量约为 1.81 亿 m^3/ 年，COD 入河总量为 3 044.59 t/ 年，氨氮入河总量为 477.76 t/ 年，总磷入河总量为 143.92/ 年，总氮入河总量为 2 960.49 t/ 年。各县（区）点源入河废污水量与主要污染物入河量见表 3–5。各县（区）废污水及 COD、氨氮入河量百分比见图 3–8~ 图 3–10。

表 3–5　菏泽市各县（区）合计废污水及污染物入河量统计表

县（区）	废污水量（万 m^3/ 年）	COD（t/ 年）	氨氮（t/ 年）	总氮（t/ 年）	总磷（t/ 年）
牡丹区	6 681.43	1 322.91	49.06	1 081.36	38.45
曹县	1 175.24	231.14	31.35	73.03	5.70
定陶区	1 617.53	351.82	159.55	385.78	20.95
成武县	1 041.48	130.30	3.82	67.31	16.42
单县	1 491.13	164.42	6.34	317.39	15.37
巨野县	659.10	152.99	108.55	269.86	9.69
郓城县	2 248.52	430.20	99.48	319.14	11.56
鄄城县	661.47	93.74	11.98	164.51	6.91
东明县	2 573.86	167.07	7.64	282.11	18.87
合计	18 149.76	3 044.59	477.76	2 960.49	143.92

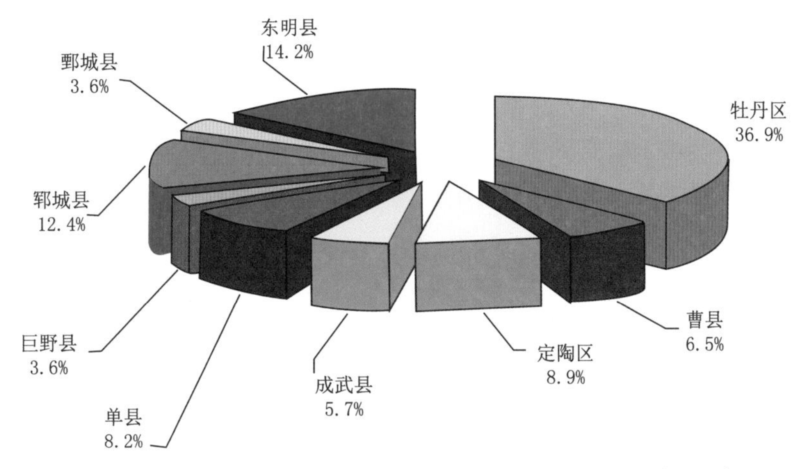

图 3-8 菏泽市各县（区）废污水入河量百分比对比示意图

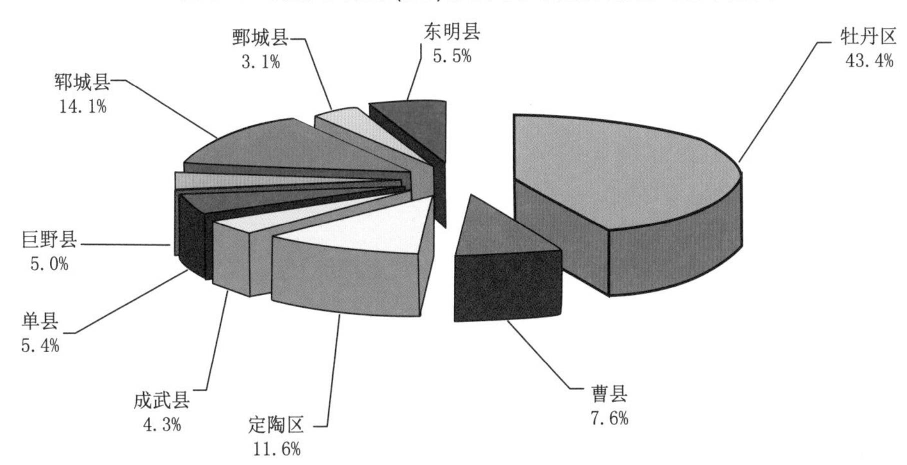

图 3-9 菏泽市各县（区）COD 入河量百分比对比示意图

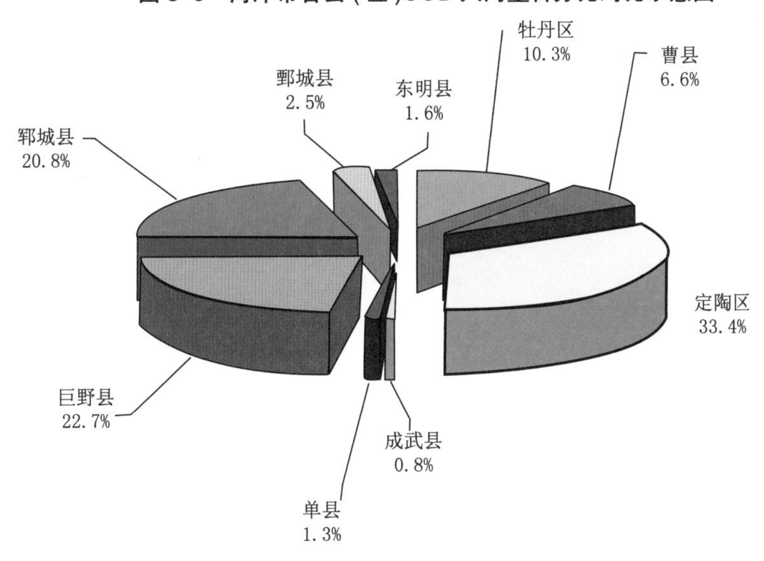

图 3-10 菏泽市各县（区）氨氮入河量百分比对比示意图

入河排污口调查结果不仅与地区排污状况、经济发展水平、产业结构和工艺技术、地区工业和生活用水量相关，还与企业的管理、污染治理水平有关，因此各种数据如用水量、污染源废污水排放量、入河量之间要符合一定的规律。

经对入河排放量数据的合理性进行检验，2016 年核查、监测的入河排污口数量与实际入河排污口数量尚存在一定的差异，本次调查统计的结果存在偏小的可能性。

第四章　水资源开发利用

第一节　供水量

一、2016年供水量

2016 年菏泽市总供水量 226 555 万 m^3。其中，当地地表水源供水量 19 268 万 m^3，引黄水源供水量 89 704 万 m^3，地下水源供水量 117 134 万 m^3，其他水源供水量 449 万 m^3。2016 年菏泽市供水结构见图 4–1。

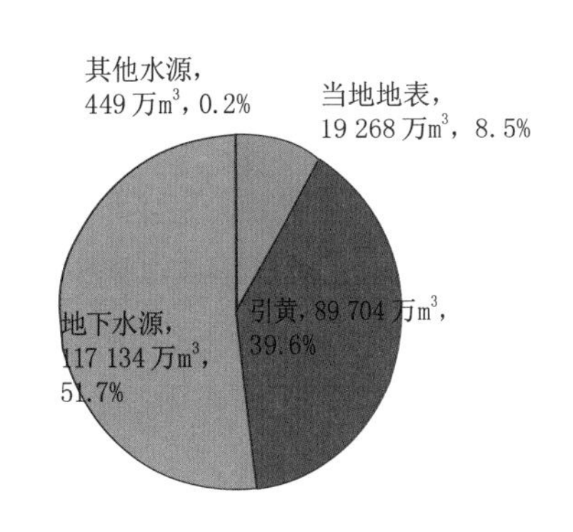

图 4–1　2016 年菏泽市供水结构图

二、变化情况

（一）总供水量

据统计，2001 年以来，菏泽市总供水量呈增加的趋势（见图 4–2），地下水源供水量所占比重上升。

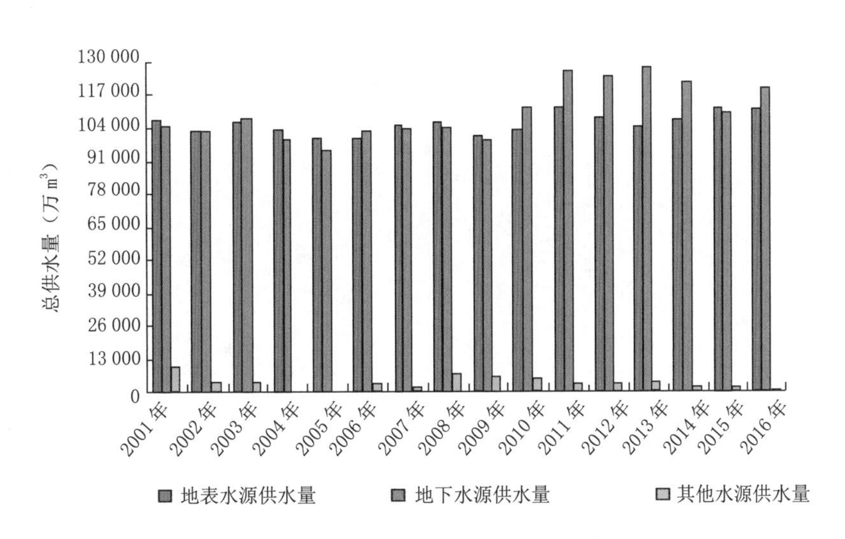

图 4–2　2001 ~ 2016 年年供水量变化

（二）地表水源供水量

地表水源供水量按蓄、引、提、调四种形式统计。从统计图（见图 4-3）中可以看出，菏泽市地表水源供水量对引黄调水依赖性较大。

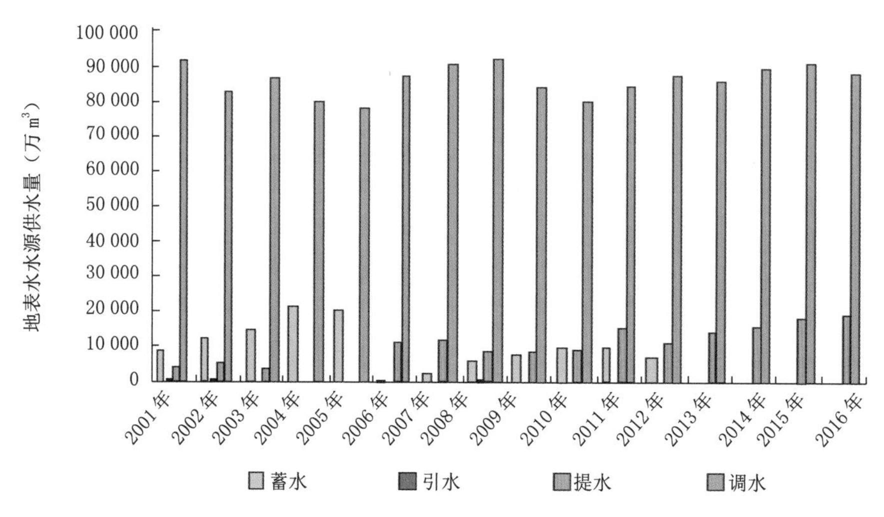

图 4-3　菏泽市 2001 ~ 2016 年地表水源供水量变化

（三）地下水源供水量

地下水源供水量指水井工程的开采量，按浅层淡水和深层承压水分别统计。从统计结果（见图 4-4）可以看出，深层地下水在菏泽市的供水结构中仍然占有一定的比重。

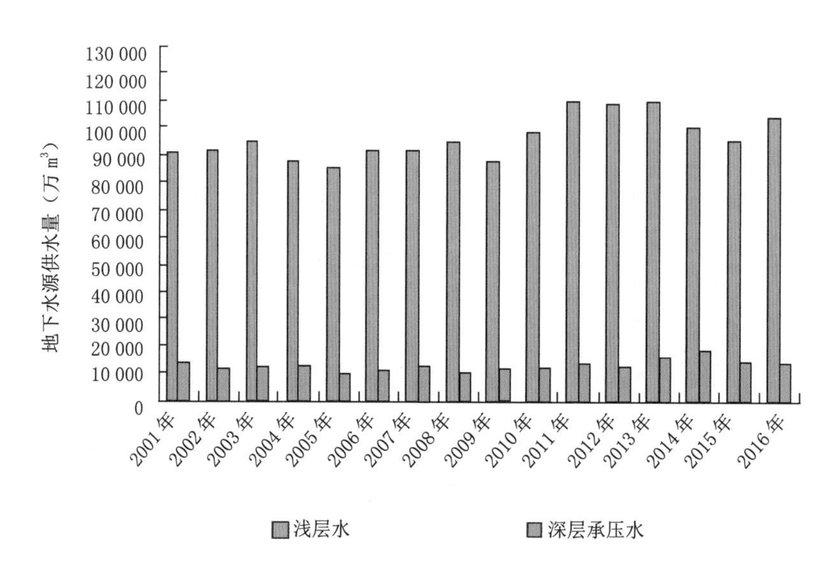

图 4-4　菏泽市 2001 ~ 2016 年地下水源供水量变化

（四）其他水源供水量

其他水源供水量包括污水处理回用、集雨工程利用、微咸水利用、海水淡化的供水量。

从图 4-5 中可以看出，菏泽市其他水源供水量呈下降趋势。随着经济的发展，科技手段的不断提升及可持续发展政策的深入实施，污水处理回收技术得以发展，其他水源供水量仍有增长潜力，从而进一步提升菏泽城市水污染控制能力和水环境质量。

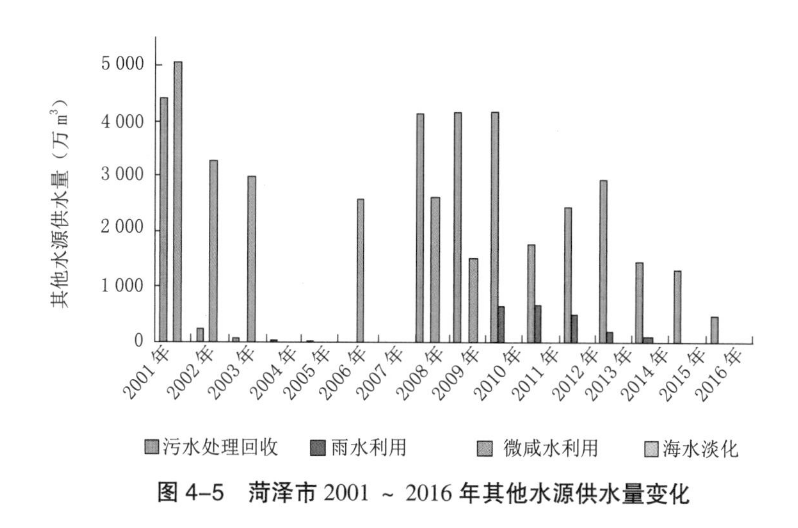

图 4-5 菏泽市 2001 ~ 2016 年其他水源供水量变化

第二节 用水量

一、2016年用水量

2016 年菏泽市总用水量 226 555 万 m^3。其中，农田灌溉用水量 156 963 万 m^3，林牧渔畜用水量 26 151 万 m^3，工业用水量 15 426 万 m^3，城镇公共用水量 2 795 万 m^3，居民生活用水量 21 742 万 m^3，生态环境用水量 3 478 万 m^3。

2016 年菏泽市用水结构见图 4-6。

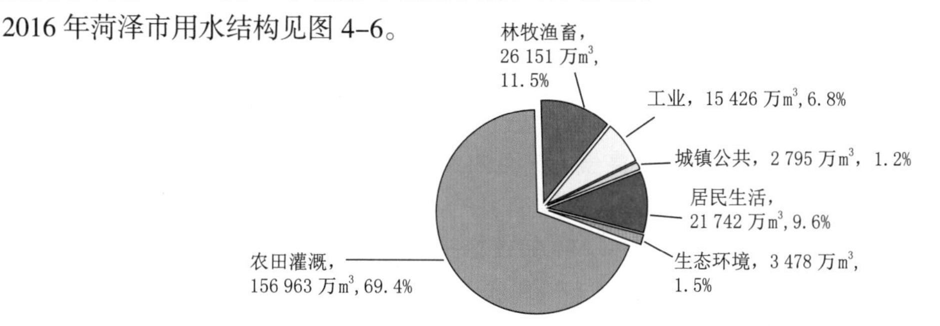

图 4-6 2016 年菏泽市用水结构

二、变化情况

（一）总用水量

总用水量及各行业用水量为直接采用水资源公报成果，水资源公报确有错误的进行合理修正调整后使用。水资源四级区套县级行政区用水量与县级行政区用水量数据协调一致。菏泽市 2001 ~ 2016 年总用水量变化见图 4-7。

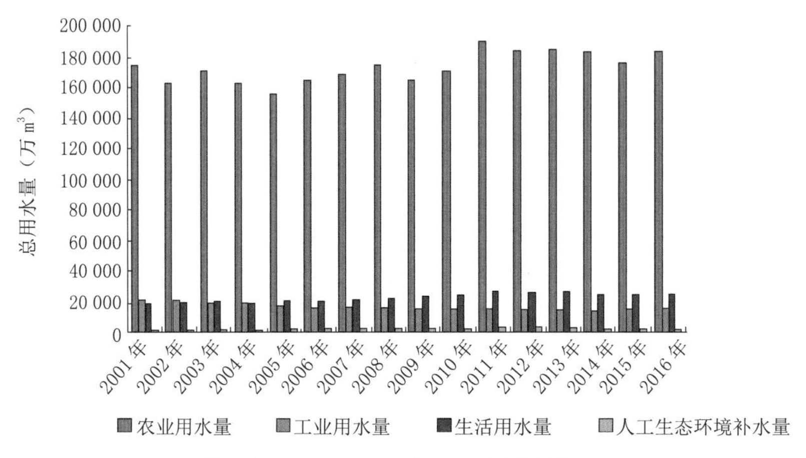

图 4-7　菏泽市 2001 ~ 2016 年总用水量变化

总用水量呈增加趋势，农业用水量所占比重较大。

（二）城镇及居民生活用水

生活用水指城镇生活用水和农村生活用水。其中，城镇生活用水包括城镇居民生活用水和公共用水（含服务业及建筑业等用水），农村生活用水指农村居民生活用水。菏泽市 2001 ~ 2016 年生活用水量变化见图 4-8。

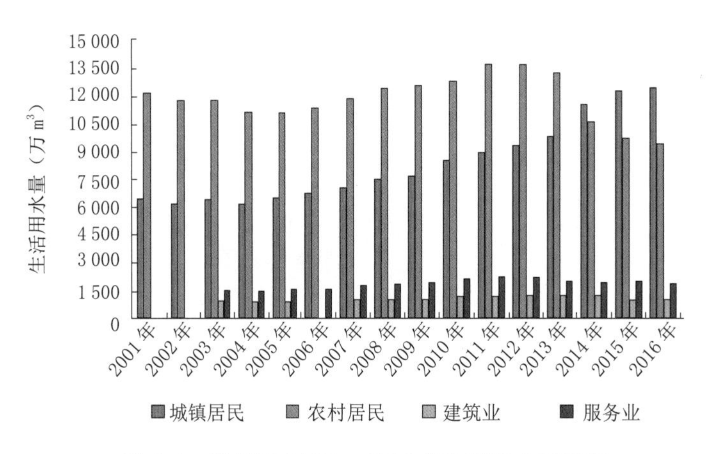

图 4-8　菏泽市 2001 ~ 2016 年生活用水量变化

2001 ~ 2016 年，菏泽市居民生活用水量平均为 22 915 万 m^3，其中地下水为 18 468 万 m^3，约占生活用水量的 80.6%。随着农村人口逐渐的城镇化，城镇居民用水量有逐渐增加的趋势，第二产业、第三产业的发展，建筑业和服务业逐步增加，也增加了人们的用水需求。

（三）工业用水

工业用水指工矿企业在生产过程中用于制造、加工、冷却、空调、净化、洗涤等方面的用水，按新水取水量计，包括火（核）电工业用水和非火（核）电工业用水，不包括企业内部的重复利用水量。水力发电等河道内用水不计入用水量。菏泽市 2001 ~ 2016 年工业用水量变化见图 4-9。

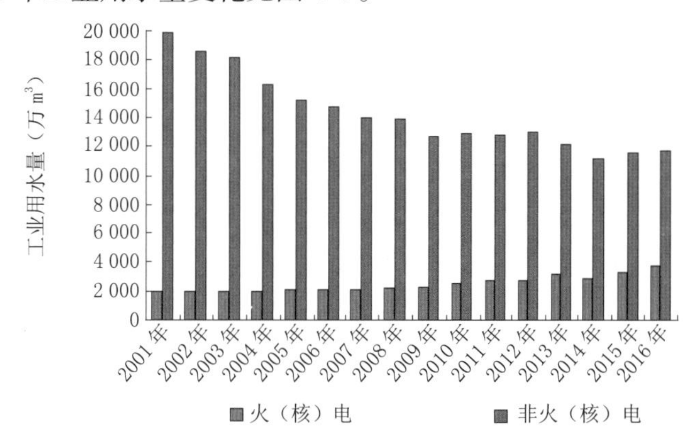

图 4-9 菏泽市 2001 ~ 2016 年工业用水量变化

2010 ~ 2016 年，菏泽市工业用水量平均为 16 759 万 m^3，其中地下水为 9 948 万 m^3，约占工业总用水量的 59.4%。中国改革开放转型后，正式实施转型升级体制改革，核心是转变经济增长的“类型”，即把高投入、高消耗、高污染、低产出、低质量、低效益转为低投入、低消耗、低污染、高产出、高质量、高效益，重视第二产业的创新发展，所以工业用水量基本呈现减少趋势。

（四）农业用水

农业用水指耕地灌溉用水、林果地灌溉用水、草地灌溉用水、渔塘水和牲畜用水，见图 4-10。

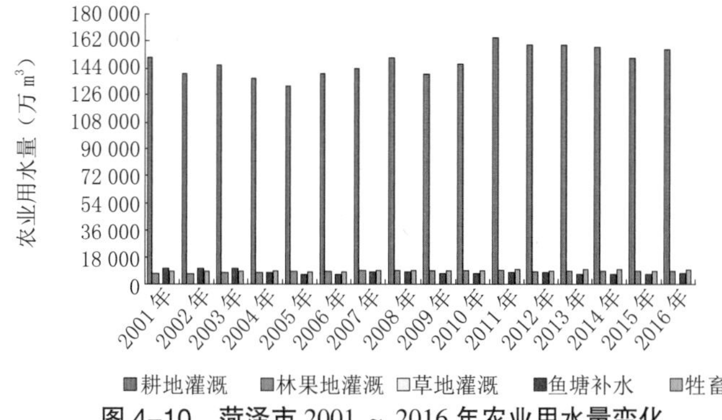

图 4-10 菏泽市 2001 ~ 2016 年农业用水量变化

菏泽市主要农作物有小麦、水稻、棉花、玉米和蔬菜等，2010 ~ 2016 年农业用水总量平均为 174 240 万 m³，农田灌溉用水量为 148 861 万 m³，由此可见，耕地灌溉在这一项中所占比重较大，为 85.4%；林牧渔业用水量主要是林果地灌溉、鱼塘补水和牲畜用水三项，所占比重较小，为 25 379 万 m³，约占总农田灌溉用水量的 17.0%。其中，地下水灌溉量占到总农田灌溉用水量的 45.6%。影响农业用水需求的因素有很多种，如气候因素、农作物因素、灌溉方式、农民收入水平及农业生产效率等。所以，相应农业用水量呈先减小后增加的趋势。

（五）生态用水

人工生态环境补水包括人工措施供给的城镇环境用水和部分河湖、湿地补水，不包括降水、地面径流自然满足的水量。按照城镇环境用水和河湖补水两大类进行统计。城镇环境用水包括绿地灌溉用水和环境卫生清洁用水两部分，其中城镇绿地灌溉用水指在城区和镇区内用于绿化灌溉的水量；环卫清洁用水是指在城区和镇区内用于环境卫生清洁（洒水、冲洗等）的水量。河湖补水量是指以生态保护、修复和建设为目标，通过水利工程补给河流、湖泊、沼泽及湿地等的水量，仅统计人工补水量中消耗于蒸发和渗漏的水量部分。菏泽市 2001 ~ 2016 年人工生态环境补水变化见图 4-11。

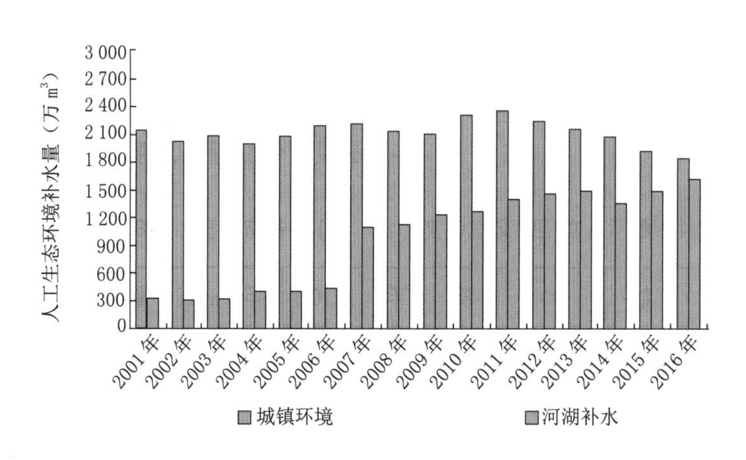

图 4-11　菏泽市 2001 ~ 2016 年人工生态环境补水变化

2010 ~ 2016 年，菏泽市人工生态环境总补水量平均为 3 109 万 m³，城镇环境补水量为 2 122 万 m³，约占总补水量的 68.3%；河湖补水量为 987 万 m³，约占总补水量的 31.7%；其中地下水补水量占总补水量的 41.5%。因生态补水可提升地下水位，及时对河湖进行补充新水，既给市民提供良好的生态环境，又可使河湖恢复水位，保持水活力，提高河湖自洁能力，促进河道生态恢复，缓解河道周边生态恶化，进一步提升水生态环境。

三、用水消耗量

2016 年菏泽市用水消耗量 156 040.9 万 m³，其中农业耗水量 131 377.4 万 m³，工业耗水量 7 567 万 m³，生活耗水量 14 455.9 万 m³，人工生态与环境耗水量 2 640.6 万 m³。

从图 4-12 中可以看出，2001 ~ 2016 年以来菏泽市总用水消耗量呈现先降后升又持续下降的动荡变化趋势。其中农业耗水量与菏泽市各年总耗水量呈现一致变化趋势；工业耗水量呈现出一个缓慢下降基本持平趋势；生活耗水量在 2012 年之前持续上涨，2012 年之后开始缓慢下降；人工生态和环境耗水量近几年有所增加，为持续上涨趋势。分析其原因如下。

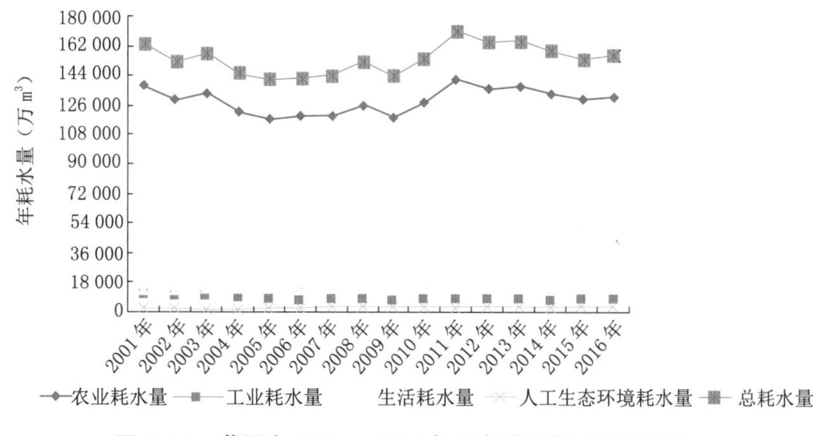

图 4-12 菏泽市 2001 ~ 2016 年用水消耗量过程线趋势

（一）农业耗水量

农业耗水量包括耕地灌溉耗水量、林牧渔业耗水量和牲畜耗水量。耕地灌溉耗水量包括作物蒸腾、颗间蒸发、渠系水面蒸发和浸润损失，受作物生长期的长短、作物品种、当地气候条件、土质、肥料和灌溉技术等诸多因素的制约。林牧渔业耗水量包括果树、苗圃、草场、鱼塘水等耗水量。牲畜耗水量包括大型牲畜和小型牲畜饮用水等消耗的水量，见表 4-1。

表 4-1 2001 ~ 2016 年菏泽市农业耗水量 （单位：万 m³）

年份	耕地灌溉	林牧渔业灌溉	牲畜	总耗水量
2001	116 505.7	13 447.9	8 009.2	137 962.8
2002	109 085.5	12 675.9	7 486.2	129 247.6
2003	111 354.0	14 003.9	7 768.2	133 126.2
2004	101 731.1	12 192.2	7 932.7	121 855.9
2005	99 614.6	11 196.8	7 025.0	117 836.4
2006	101 471.3	10 860.9	7 237.6	119 569.8
2007	100 325.6	11 669.7	7 185.2	119 180.6
2008	106 855.9	11 807.2	7 500.8	126 163.9
2009	99 910.5	11 278.4	7 605.4	118 794.3

续表 4-1

年份	耕地灌溉	林牧渔业灌溉	牲畜	总耗水量
2010	108 062.9	11 524.2	7 688.9	127 276.0
2011	121 589.5	12 324.9	7 954.6	141 869.1
2012	116 837.2	11 393.5	7 697.2	135 927.9
2013	118 269.7	11 333.7	8 014.1	137 617.5
2014	114 735.4	10 982.6	7 635.7	133 353.8
2015	110 699.4	11 296.1	7 452.6	129 448.0
2016	111 771.0	11 833.7	7 772.7	131 377.4
平均	109 301.2	11 863.9	7 622.9	128 787.9

2001 ~ 2016 年，菏泽市农业平均耗水总量为 128 787.9 万 m^3。其中，耕地灌溉耗水量为 109 301.2 万 m^3，林牧渔业耗水量为 11 863.9 万 m^3，牲畜耗水量为 7 622.9 万 m^3。从全流域各项耗水率来看，牲畜耗水率最大为 84.3%；其次是耕地，耗水率为 73.4%；最低是林牧渔业，耗水率为 72.4%。农业耗水量的变化，主要是近几年来节水灌溉方案实施的成效，从原来的大水漫灌，到现在大力发展的滴管、喷灌、微灌、低压管灌等方式，另外注重渠道防渗，提高了灌溉保证率的同时，也大大降低了农田灌溉耗水量，成效显著。

（二）工业耗水量

工业耗水量包括循环式火（核）电耗水量和非火（核）电耗水量，是输水损失和生产过程中蒸发损失量、产品带走的水量、厂区生活耗水量等，见表 4-2。

表 4-2　2001 ~ 2016 年菏泽市工业耗水量　（单位：万 m^3）

年份	循环式火（核）电	非火（核）电	总耗水量
2001	1 342.9	9 189.2	10 532.1
2002	1 704.4	7 916.3	9 620.6
2003	1 136.9	7 632.5	8 769.45
2004	1 356.0	6 845.1	8 201.1
2005	1 566.6	5 940.6	7 507.2
2006	1 298.2	5 339.4	6 637.7
2007	1 582.9	5 384.8	6 967.7
2008	1 861.8	5 427.3	7 289.1
2009	1 695.0	5 034.3	6 729.3
2010	1 887.0	5 531.5	7 418.5
2011	2 026.4	5 437.2	7 463.5
2012	1 925.0	5 440.8	7 365.8

续表 4–2

年份	循环式火(核)电	非火(核)电	总耗水量
2013	2 260.8	5 109.3	7 370.1
2014	2 090.9	4 663.1	6 754.0
2015	2 327.5	4 896.7	7 224.3
2016	2 594.2	4 972.8	7 567.0
平均	1 707.1	4 972.8	7 713.6

2001 ~ 2016 年，菏泽市工业平均耗水总量为 7 713.6 万 m^3。其中，循环式火（核）电耗水量为 1 707.1 万 m^3，耗水率为 70.0%；非火（核）电耗水量为 4 972.8 万 m^3，耗水率为 42.9%。由此可见，循环式火（核）电耗水量所占比重较小，但循环式火（核）电耗水率较大。工业耗水量呈现的一个缓慢下降基本处于持平的趋势。

（三）生活耗水量

生活耗水量主要包括城镇生活、农村生活耗水量、建筑业耗水量及服务业耗水量。见表 4–3。

表 4–3 2001 ~ 2016 年菏泽市生活耗水量 （单位：万 m^3）

年份	城镇居民	农村居民	建筑业	服务业	总耗水量
2001	2 792.5	10 160.6	0	0	12 953.1
2002	2 147.0	10 341.1	0	0	12 488.1
2003	2 321.0	10 221.3	708.8	628.4	13 879.4
2004	2 316.0	10 210.7	761.3	705.4	13 993.4
2005	2 565.3	10 035.7	778.8	682.6	14 062.2
2006	2 365.2	10 355.3	788.7	692.1	14 201.3
2007	2 766.3	10 702.3	869.0	727.4	15 064.9
2008	3 004.9	11 494.5	883.4	791.0	16 173.8
2009	3 066.0	11 442.7	887.4	850.5	16 246.6
2010	3 423.4	11 595.6	1 003.9	926.9	16 949.7
2011	3 699.1	12 478.3	1 059.9	995.6	18 232.9
2012	3 837.8	12 446.1	1 062.8	968.7	18 315.5
2013	4 095.4	11 773.6	956.4	884.9	17 710.2
2014	4 849.5	9 215.5	874.4	842.9	15 782.3
2015	5 051.7	8 172.1	842.5	878.8	14 945.1
2016	5 085.9	7 696.8	858.5	814.7	14 456.0
平均	3 336.7	10 521.4	771.0	711.9	15 340.9

2001 ~ 2016 年，菏泽市生活平均耗水总量为 15 340.9 万 m^3。城镇居民生活耗水量为 3 336.7 万 m^3，耗水率为 39.7%；农村居民生活耗水量为 10 521.4 万 m^3，耗水率为 87.9%；由此可见，城镇居民的生活耗水量较小，农村居民的生活耗水量较大。城镇生活供水相对集中，排水设施业相对完善，生活污水排放量大，用水消耗比较小，消耗率较低，农村住宅一般没有完善的排水设施，耗水量较高。生活耗水量呈现先升后降的趋势，主要是因为居民人口逐年增加，增幅由大变小。随着人们生活水平的逐渐提高，对生活用水的需求增大，但人们节水意识在逐渐增强，节水觉悟逐渐提高，人们自发地采取了大量节水措施，比如用水后马上关闭水龙头、采用节水水龙头、生活废水进行冲厕等等。另外，自来水公司对管道渗漏进行严格控制，降低管道渗漏率，减少跑冒滴漏现象，从生活用水的源头减少耗水量。

（四）人工生态环境耗水量

人工生态环境耗水量是按照城镇环境耗水量和河湖补水耗水量分别统计的，见表4–4。

表 4–4　2001 ~ 2016 年菏泽市人工生态与环境耗水量　　（单位：万 m^3）

年份	城镇环境	河湖补水	总耗水量
2001	1 463.4	123.5	1 586.9
2002	1 492.5	32.0	1 524.5
2003	1 278.0	25.4	1 303.4
2004	1 037.2	164.1	1 201.2
2005	1 650.1	155.2	1 805.3
2006	1 860.7	169.3	2 030.0
2007	1 749.7	806.6	2 556.2
2008	1 821.1	910.6	2 731.7
2009	1 785.3	975.8	2 761.1
2010	1 950.6	872.4	2 823.0
2011	2 004.7	1 032.7	3 037.4
2012	1 906.0	1 028.2	2 934.2
2013	1 842.9	1 049.9	2 892.8
2014	1 719.9	882.4	2 602.3
2015	1 603.4	1 019.6	2 623.1
2016	1 513.4	1 127.2	2 640.6
平均	1 667.4	648.4	2 315.8

2001 ~ 2016年，菏泽市人工生态与环境平均耗水量为2 315.8万 m^3。城镇居民生活耗水量为1 667.4万 m^3，耗水率为80.2%；农村居民生活耗水量为648.4万 m^3，耗水率为76.8%。人工生态和环境耗水量基本持平，近几年有所上升。随着生活水平的提高，人们对生态环境的要求随之提高，基本的生态用水已满足不了人们日益增长的文化需求，生态用水的保证率提上日程，加之近年来新建了不少的人工生态湖等水面建筑，导致生态环境的耗水量有所提高。

（五）总耗水量

2001 ~ 2016年，菏泽市平均总耗水量为154 158.3万 m^3。农业、工业、生活和生态环境耗水量分别为128 787.9万 m^3、7 713.6万 m^3、15 340.9万 m^3 和2 315.8万 m^3。由此可知，菏泽市的耗水结构中农业耗水量占绝大部分，约占83.5%；其次是居民生活耗水量约为10.0%；工业耗水量占总耗水量的5.0%；生态环境耗水量所占比重最小，为1.5%左右，见表4-5。

表4-5 2001 ~ 2016年菏泽市总耗水量 （单位：万 m^3）

年份	农业耗水量	工业耗水量	生活耗水量	人工生态环境耗水量	总耗水量
2001	137 962.8	10 532.1	12 953.1	1 586.9	163 034.9
2002	129 247.6	9 620.6	12 488.1	1 524.5	152 880.7
2003	133 126.2	8 769.4	13 879.4	1 303.4	157 078.5
2004	121 855.9	8 201.1	13 993.4	1 201.2	145 251.6
2005	117 836.4	7 507.2	14 062.2	1 805.3	141 211.1
2006	119 569.8	6 637.7	14 201.3	2 030.0	142 438.8
2007	119 180.6	6 967.7	15 064.9	2 556.2	143 769.4
2008	126 163.9	7 289.1	16 173.8	2 731.7	152 358.5
2009	118 794.3	6 729.3	16 246.6	2 761.1	144 531.2
2010	127 276.0	7 418.5	16 949.7	2 823.0	154 467.1
2011	141 869.1	7 463.5	18 232.9	3 037.4	170 602.9
2012	135 927.9	7 365.8	18 315.5	2 934.2	164 543.5
2013	137 617.5	7 370.1	17 710.2	2 892.8	165 590.7
2014	133 353.8	6 754.0	15 782.3	2 602.3	158 492.4
2015	129 448.0	7 224.3	14 945.1	2 623.1	154 240.5
2016	131 377.4	7 567.0	14 456.0	2 640.6	156 040.9
平均	128 787.9	7 713.6	15 340.9	2 315.8	154 158.3

第三节　用水效率与开发利用程度

一、用水水平

2016 年菏泽市人均综合用水量 269.31 m^3，万元地区生产总值用水量 69.11 m^3，万元工业增加值用水量 13.28 m^3，亩均耕地灌溉用水量 176.98 m^3，人均城镇生活用水量 89.02 L、人均农村居民生活用水量 54.6 L。以上用水指标近期变化基本平稳。

二、开发利用程度

水资源开发利用程度是指一定区域内水资源被人类开发和利用的状况，一般用被开发量与水资源量的比值表示。

2010 ~ 2016 年菏泽市当地地表水资源平均用水量为 17 614 万 m^3，多年平均地表水资源量为 63 446 万 m^3，地表水水资源开发利用程度为 27.8%。

2010 ~ 2016 年菏泽市当地水资源平均用水量为 136 688 万 m^3，多年平均水资源总量为 190 355 万 m^3，当地水资源开发利用程度为 71.8%。

三、供用耗排平衡分析

菏泽市 2001 ~ 2016 年多年平均水资源总量 200 977 万 m^3，入境水量 87 203 万 m^3，出境水量 45 598 万 m^3，调水量 87 203 万 m^3，深层地下水开采量 12 594 万 m^3，地下水蓄变量 50 898 万 m^3，用水消耗量 154 158 万 m^3，非用水消耗量 59 616 万 m^3，水量平衡差 9 496 万 m^3，水量平衡差占水资源总量的 4.7%。

第五章　水生态调查评价

第一节　河　流

一、河川径流变化

菏泽市河道内实测径流量变化情况调查对象为本次评价有径流还原站点的河流，即东鱼河北支(马庄闸)、东鱼河(路菜园闸张庄闸)、洙赵新河(魏楼闸)、胜利河(黄寺)、鄄郓河（刘庄闸），分析代表站 1956 ~ 2016 年河道内实测径流量在全年、汛期和非汛期的变化情况,并与其历史天然径流量和近期下垫面条件下的天然径流量进行比较。

（一）东鱼河北支

东鱼河北支位于山东省西南部，是东鱼河左岸的人工河道，流域面积 1 443 km^2，马庄闸水文站设立于 1962 年，位于菏泽市经济开发区佃户屯办事处东鱼河北支，干流长度 45.2 km，控制流域面积 755 km^2。马庄闸水文站年实测径流量变化如图 5-1 所示，全年及非汛期实测径流量均呈现减小趋势，汛期实测径流量除 1990 ~ 1999 年有小幅度增加外，其余年份也呈现减小趋势。

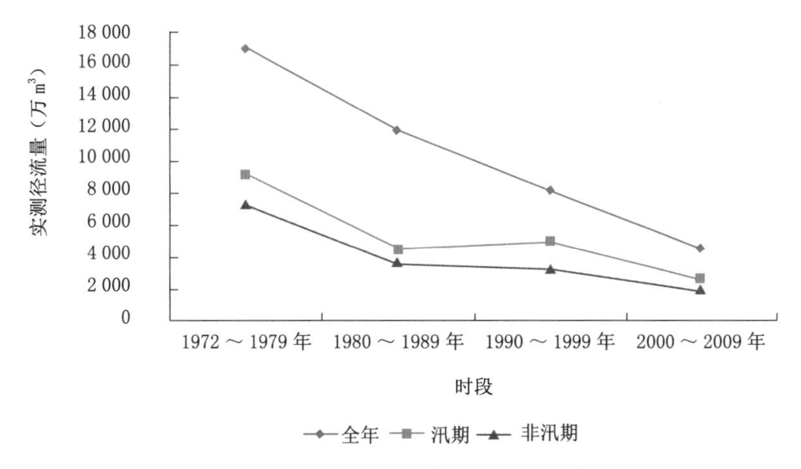

图 5-1　马庄闸水文站年实测径流量变化过程线

（二）东鱼河

东鱼河是山东省西南部最大的人工河流，流域面积 5 323 km^2，为调整南四湖以西地区水系及防洪排涝，于 1967~1969 年开挖，西起东明县刘楼，流经牡丹区、曹县、定陶、成武、单县、金乡，于鱼台县城东部的西姚村流入昭阳湖。菏泽市内东鱼河上重要的干流区域代表站为路菜园闸水文站和张庄闸水文站。路菜园闸水文站位于东鱼河上游，流域面积646 km²，干流长度58.0 km，分析路菜园闸水文站1977 ~ 2016年实测径流量过程线（见图5-2），全年及非汛期实测径流量都经历了1977 ~ 1979年、1980 ~ 1989年、1990 ~ 1999年、2000 ~ 2009年增加，2010 ~ 2016年减小的过程，汛期实测径流量变化趋势为1977 ~ 1979年、1980 ~ 1989年增加，1990 ~ 1999年减小，2000 ~ 2009年增加，2010 ~ 2016年减小。张庄闸水文站位于东鱼河下游，东经116° 00′，北纬34° 58′，控制干流长度120 km，流域面积3 934 km²，张庄闸水文站实测径流量年际变化情况如图5-3所示，全年、汛期及非汛期实测径流量在1972 ~ 1979年、1980 ~ 1989年减小，在1990 ~ 1999年全年及汛期实测径流量减小而非汛期实测径流量增加，此后三种实测径流量均呈现2000 ~ 2009年增加，2010 ~ 2016年减小。

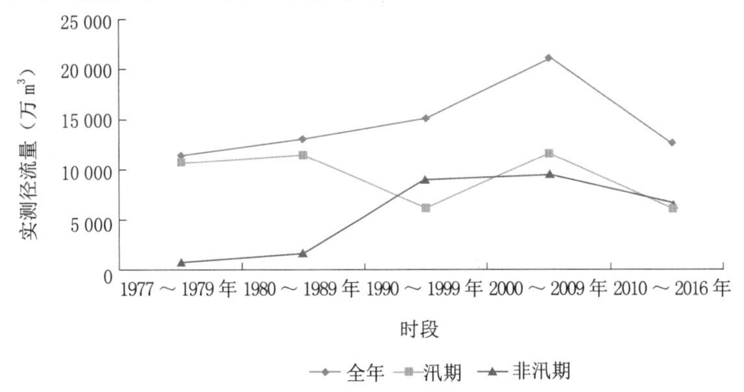

图5-2　路菜园闸水文站年实测径流量变化过程线

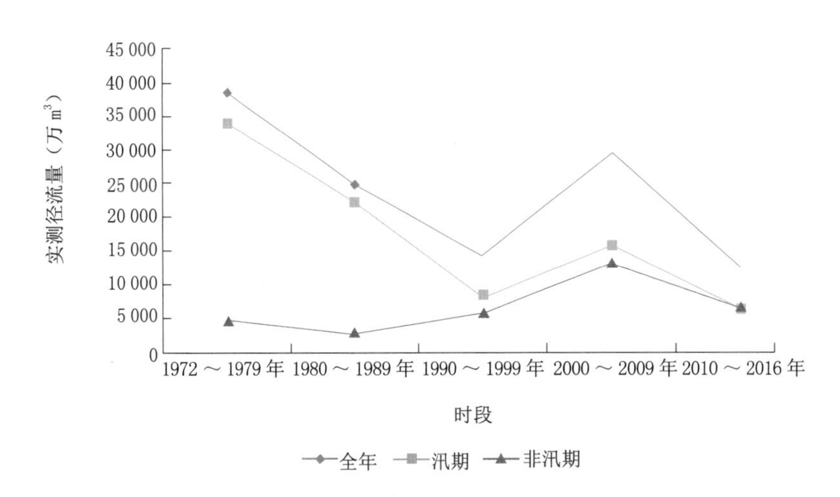

图5-3　张庄闸水文站年实测径流量变化过程线

（三）洙赵新河

洙赵新河位于山东省西南部，属于南四湖水系，系调整洙水河和赵王河水系时于1965 ~ 1972年开挖的大型排水人工河道，流域面积4 200 km²，魏楼闸水文站设立于1958年，坐落在洙赵新河中上游，地处东经115° 41′，北纬35° 22′，控制流域面积 796 km²，南靠全国最大的国花园——曹州牡丹园，北临孙膑旅游城，上游为侯集闸节制闸，下游经于楼闸、梁山闸等流入南四湖。从图 5-4 分析可知，魏楼闸水文站汛期实测径流量在各时段均呈现减少趋势，全年及非汛期实测径流量变化一致，即在 2000 ~ 2009 年增加，其余时段均减少。

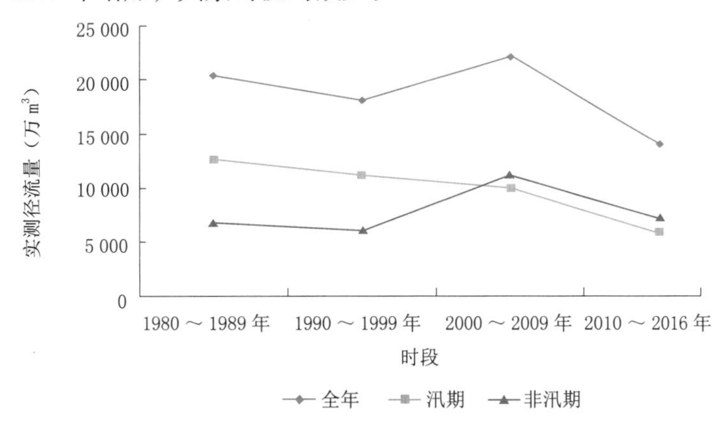

图 5-4 魏楼闸水文站年实测径流量变化过程线

（四）胜利河

胜利河是淮河流域东鱼河的一条主要支流，起源于曹县安蔡楼镇，至单县徐寨镇入东鱼河，流域面积 1 224 km²，黄寺水文站为国家重要水文站，设立于 1955 年 6 月，是南四湖湖西平原区域代表站、中央报汛站，位于单县李新庄乡黄寺村，是胜利河的重要控制站，也是菏泽市唯一的河道站，控制流域面积 1 061 km²。分析黄寺站 1980 ~ 1991 年实测径流量数据（见图 5-5），全年和汛期实测径流量呈现先增加后减少趋势，1983 ~ 1985 年实测径流量快速增加，到 1985 年为实测径流量峰值，1985 ~ 1991 年则逐渐减少。

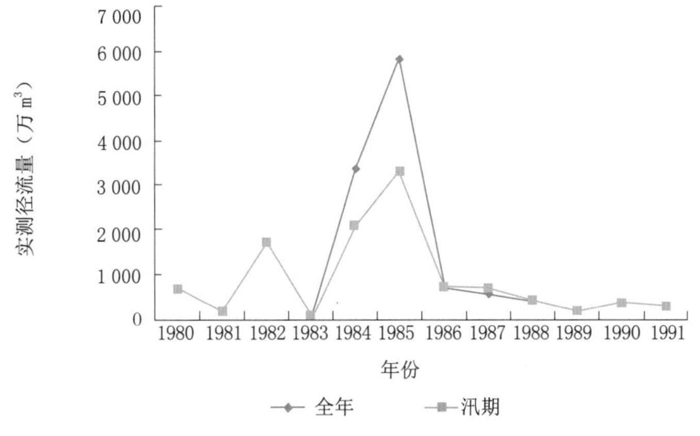

图 5-5 黄寺水文站年实测径流量变化过程线

（五）鄄郓河

鄄郓河上起鄄城县左营西孙沙窝，流经郓城县水堡、华营和临集，至巨野县丁庄入洙赵新河，刘庄闸水文站为国家基本水文站，位于鄄郓河中段，设立于 1973 年 1 月 1 日，南四湖湖西平原区域代表站，行政区划隶属郓城县双桥乡，东经 115° 47′，北纬

35° 34′。西靠孙膑旅游城，东临水泊梁山。由图 5-6 分析可知，全年和非汛期实测径流量在 2000 ~ 2009 年时段有小幅增加，其余各时段的实测径流量均减少。

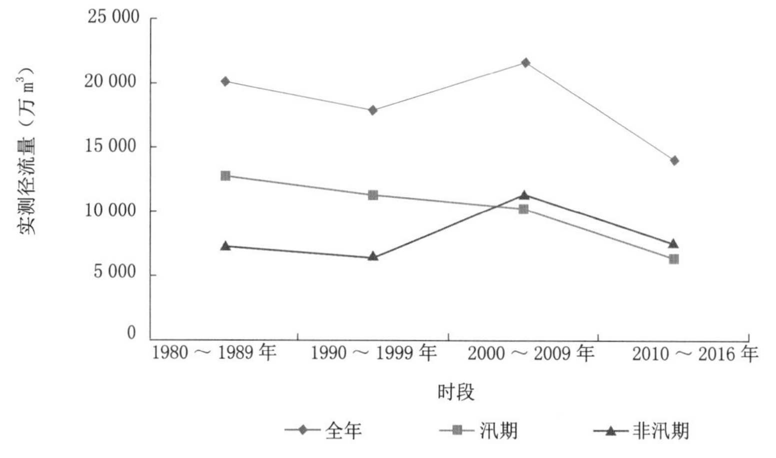

图 5-6　刘庄闸水文站年实测径流量变化过程线

（六）河道径流情势变化原因分析

以上河道内实测径流量变化情势分析结果表明，菏泽市内河道径流量整体呈现减少趋势。各河流代表站历史天然径流量和近期下垫面条件下的天然径流量进行比较没有明显变化，下垫面条件不是影响天然径流量的原因。降水量是河川径流的补给来源，也是反映气候变化的主要因素之一，径流量的年际变化与降水量变化关系密切，1956 ~ 2016 年菏泽市内河流各站各时段年径流量与降水量变化相对应，可见降水量的变化导致径流量变化。

人类活动对径流量也造成一定影响。河道径流量均受闸坝蓄水变量的影响，近年来流域综合整治，以水安全、水景观、水环境、水文化、水经济五位一体协调发展为目标，沿岸工程的修建，在改善环境、达到人与自然和谐统一的同时，也增加了水面蒸发量，一定程度上加剧了水资源供需矛盾。水资源开发利用，如河道外用水及农业、工业、城镇用水和浅层地下水埋深增加对河川径流量的影响也较为显著。

二、断流情况

（一）断流总体情况

菏泽市河道断流（干涸）调查对象有东鱼河南支、东鱼河北支、东鱼河、洙赵新河、胜利河、万福河、洙水河，调查时间为 1956 ~ 2016 年系列，调查内容包括断流（干涸）年份、断流（十涸）次数、最长断流（干涸）河段位置、最长断流（干涸）长度、最大断流（干涸）天数、年断流（干涸）天数、断流（干涸）原因。本次调查充分利用第二次水资源及其开发利用调查评价成果并采取走访调查、实际调研等方法。经调查，菏泽市各主要河道由于降水时空分布不均、用水量增加等原因，断流已经成为一种常态。

（二）主要河流断流情况

主要河道断流长度、天数及其变化情况见表5-1，菏泽市主要河道断流情况分布图见附图23。

表5-1 菏泽市河流断流（干涸）情况

序号	河流名称	断流（干涸）年份	最长断流河段长度（km）	最长断流河段长度发生年份	最大断流天数（d）	最大断流天数发生年份
1	东鱼河南支	1972、1973、1992、1993、1994、1995、1996、1997、1998、1999、2000、2001、2002、2003、2004、2005、2008、2011、2012、2013、2015、2016	52.4	1999	361	1999
2	东鱼河北支	1972、1973、1974、1975、1994、1995、1997、1999、2000、2001、2002、2003、2004、2005、2006、2007、2008、2009、2011	96	1973、1974、1975、2002	243	1973、1974、1975
3	东鱼河	1972、1973、1974、1975、1976、1979、1980、1981、1988、1992、1993、1994、1998、1999、2000、2001、2009、2010、2014、2015	123.2	1981	179	1981
4	洙赵新河	1973、1974、1976、1980、1981、1988、1989、1990、1991、1992、1993、1994、1995、1996、1997、1998、1999、2000、2001、2002、2003、2004、2012	101.4	1973	203	1973
5	胜利河	1969、1970、1971、1974、1975、1976、1977、1978、1979、1980、1981、1982、1983、1984、1985、1986、1988、1989、1990、1991、2002	66.3	1981	341	1981
6	万福河	1958、1966、1973 ~ 2009、2011、2012、2013、2015	36	1966	124	1966
7	洙水河	1958、1959、1960、1965、1966、2009、2010、2012、2013、2014、2015、2016	63.5	1966	262	1966

第二节 湖 泊

菏泽市无常年水面面积1 km^2及以上的天然湖泊，所以本次湖泊不做评价。

第三节 湿 地

一、总体情况

湿地是地球上水陆相互作用形成的独特生态系统，在抵御洪水、调节径流、补充地下水、改善气候、控制污染、美化环境和维护区域生态平衡等方面有着其他系统所不能替代的作用。本次主要调查退化前常年面积 1 km^2 及以上的洪泛平原天然陆域湿地在 1956 ~ 2016 年的萎缩情况。

菏泽市湿地水生态调查评价对象为 14 处湿地公园，见表 5–2。

表 5–2　菏泽市湿地水生态演变情况

序号	湿地名称	湿地类型	湿地面积变化（km^2）				是否为湿地保护区	调查时间
			1956 ~ 1979 年	1980 ~ 2000 年	2001 ~ 2016 年	变化值		
1	曹县黄河故道国家湿地公园	洪泛平原湿地			8.587		是	2013 年 12 月
2	单县浮龙湖国家湿地公园	洪泛平原湿地			21.683		是	2014 年 12 月
3	山东成武东鱼河国家湿地公园	洪泛平原湿地			12.796 1			2016 年 12 月
4	东明黄河国家湿地公园	洪泛平原湿地			2.465 3		是	2017 年 12 月
5	单县东舜河省级湿地公园	洪泛平原湿地			0.76			2013 年 12 月
6	山东成武文亭湖省级湿地公园	洪泛平原湿地			9.956			2015 年 12 月
7	东明庄子湖省级湿地公园	洪泛平原湿地			0.847			2011 年 12 月
8	鄄城县雷泽湖省级湿地公园	洪泛平原湿地			2.44			2016 年 12 月
9	菏泽万福河省级湿地公园	洪泛平原湿地			7.599			2013 年 12 月
10	郓城宋金河省级湿地公园	洪泛平原湿地			2.235			2015 年 12 月
11	定陶万福河省级湿地公园	洪泛平原湿地			61.81			2016 年 12 月
12	定陶菏曹运河省级湿地公园	洪泛平原湿地			70.89			2017 年 12 月
13	巨野新巨龙省级湿地公园	洪泛平原湿地			1.511			2015 年 12 月
14	巨野洙水河省级湿地公园	洪泛平原湿地			3.814 9			2017 年 12 月

二、主要湿地变化情况

经调查，评价对象建成年份均较晚，湿地面积暂未发生改变。

第四节 生态流量（水量）保障

一、评价范围和方法

菏泽市生态水量评价河流控制断面见表5–3、图5–7。

表5–3 菏泽市生态水量评价控制断面名录

序号	水资源一级区	河湖水系	流域面积（km^2）	控制断面	东经	北纬	类型
1	淮河区	东鱼河北支	1 443	马庄闸	115°30′21″	35°11′14″	Ⅲ类
2	淮河区	东鱼河	5 323	路菜园闸	115°32′27″	35°00′34″	Ⅲ类
3	淮河区	东鱼河	5 323	张庄闸	116°00′40″	34°58′25″	Ⅲ类
4	淮河区	洙赵新河	4 200	魏楼闸	115°41′35″	35°22′26″	Ⅲ类
5	淮河区	胜利河	1 224	黄寺	116°04′07″	34°52′35″	Ⅲ类
6	淮河区	鄄郓河	975	刘庄闸	115°47′51″	35°34′52″	Ⅲ类

河湖水系及其主要控制节点和断面径流调查包括实测径流量和天然径流量调查两部分，实测径流量按照1956～2016年水文系列逐月调查，在地表水资源评价中根据控制节点和断面水文系列实测径流量逐月还原计算其天然径流量。对于控制面积内不存在蓄水、引水、提水及河道分洪或堤防决口的控制节点和断面，实测径流量即为天然径流量；对于控制面积内存在蓄水、引水、提水及分洪或决口的水文站，对逐月、逐年的实际径流量进行还原计算。其中，农业灌溉、工业和生活用水耗损量（含蒸发消耗和入渗损失）的还原计算与水资源开发利用的用水消耗量、非用水消耗量分析成果相协调。按照表5–3确定的河流水系和控制断面，根据地表水各主要河道水文径流还原计算成果进行填报。

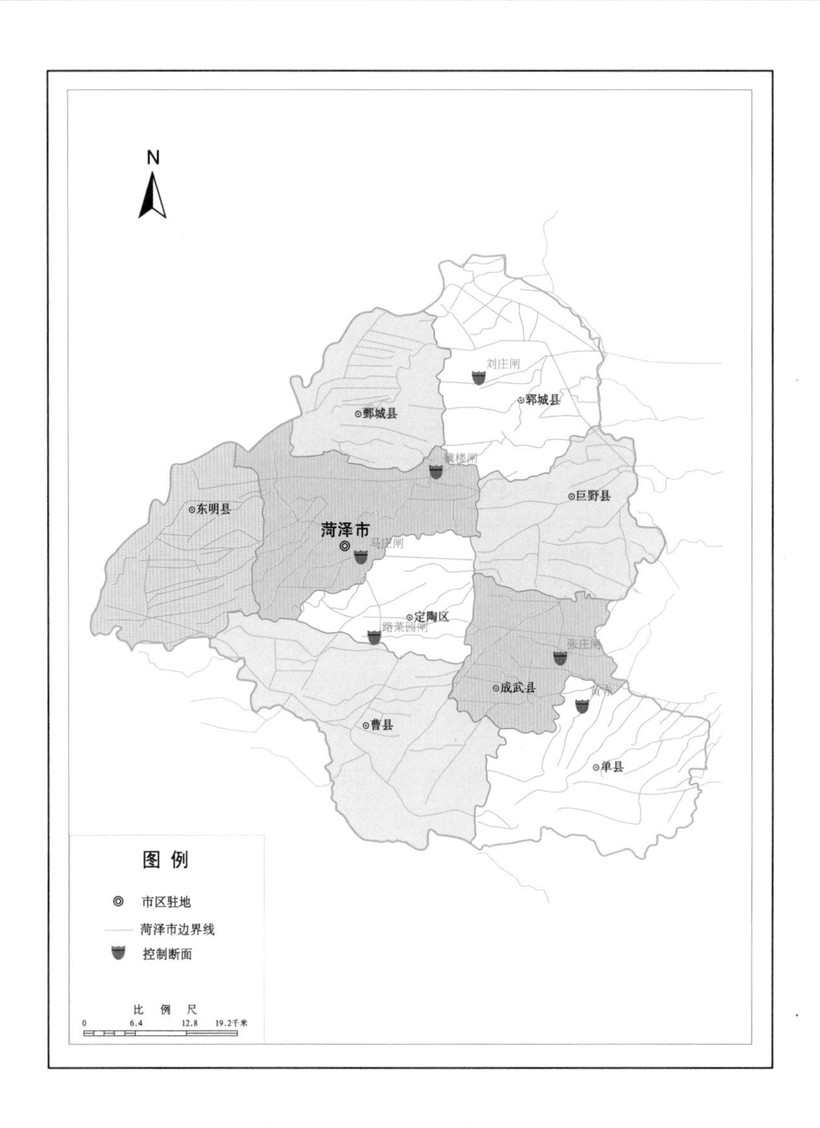

图 5–7　菏泽市生态水量评价控制断面分布图

二、重点河流控制断面生态流量（水量）目标

菏泽市根据河湖水系自然及生态环境功能及特点，按照有关规划和规范要求，整理分析主要河湖水系及其主要控制节点和断面的生态需水目标，见表 5–4。

表 5–4　河湖水系及其主要控制节点和断面生态需水目标

河湖水系	流域面积（km^2）	控制断面	水文系列	项目	生态需水目标	
					敏感期生态需水量（万 m^3）	全年值（万 m^3）
东鱼河北支	1 443	马庄闸	有关成果	基本		
				目标	—	
			1956 ~ 2016 年	基本		429
				目标	—	
			1980 ~ 2016 年	基本		544
				目标	—	
东鱼河	5 323	路菜闸	有关成果	基本		
				目标	—	
			1956 ~ 2016 年	基本		304
				目标	—	
			1980 ~ 2016 年	基本		523
				目标	—	
		张庄闸	有关成果	基本		
				目标	—	
			1956 ~ 2016 年	基本		534
				目标	—	
			1980 ~ 2016 年	基本		412
				目标	—	
洙赵新河	4 200	魏楼闸	有关成果	基本		
				目标	—	
			1956 ~ 2016 年	基本		523
				目标	—	
			1980 ~ 2016 年	基本		631
				目标	—	
胜利河	1 224	黄寺	有关成果	基本		211
				目标		
			1956 ~ 2016 年	基本		187
				目标		
			1980 ~ 2016 年	基本		
				目标		
鄄郓城	975	刘庄闸	有关成果	基本		
				目标	—	
			1956 ~ 2016 年	基本		375
				目标	—	
			1980 ~ 2016 年	基本		348
				目标	—	

（一）生态基流

根据《〈水规总院〉关于印发全国水资源调查评价生态水量调查评价补充技术细则的通知》（水总研二〔2018〕506 号）和《河湖生态环境需水计算规范》（SL/Z 712—2014）的要求，生态基流采用 Q_p 法进行计算，以节点长系列径流量为基础，用每年的最枯月排频，通过分析最枯水来水量情况，以最枯月径流量排频，取 95% 频率下的径流量作为生态基流来水量。

（二）基本生态环境需水量

为与生态基流进行对比，以月为时间尺度仍然采用 Q_p 法进行分析计算。根据《河湖生态环境需水计算规范》（SL/Z 712—2014）第 A.0.1 条的要求，对于存在冰冻期或季节性的河流，可将冰冻期和季节性造成的无水期排除在 Q_p 法之外，只采用有天然径流量月份排频，基本生态环境需水量的全年值，根据基本生态环境需水量的年内不同时段值相加得到。

为充分考虑近期下垫面条件影响，本次评价各主要河道基本生态需水量推荐选用 1980 ~ 2016 年评价成果。

菏泽市两条流出市境主干河道东鱼河、洙赵新河基本生态需水量分别是 412 万、631 万 m^3。

三、生态流量（水量）保障情况

菏泽市主要河道生态用水满足程度评价结果见表 5–5。

表 5–5 河湖水系及其主要控制节点和断面生态用水满足程度评价

<table>
<tr><th rowspan="4">河湖水系</th><th rowspan="4">流域面积（km^2）</th><th rowspan="4">控制断面</th><th rowspan="4">水文系列</th><th>生态基流</th><th colspan="3">基本生态环境需水量</th><th>总体评价</th></tr>
<tr><th rowspan="3">满足程度（%）</th><th colspan="3">满足程度（%）</th><th rowspan="3">水资源开利用程度</th></tr>
<tr><th colspan="2">不同时段值</th><th rowspan="2">全年值</th></tr>
<tr><th>汛期</th><th>非汛期</th></tr>
<tr><td rowspan="3">东鱼河北支</td><td rowspan="3">1 443</td><td rowspan="3">马庄闸</td><td>有关成果</td><td></td><td></td><td></td><td></td><td rowspan="3">中</td></tr>
<tr><td>1956 ~ 2016 年</td><td>69.4</td><td>94.6</td><td>91.9</td><td>94.6</td></tr>
<tr><td>1980 ~ 2016 年</td><td>70.5</td><td>89.2</td><td>94.6</td><td>91.9</td></tr>
<tr><td rowspan="6">东鱼河</td><td rowspan="6">5 323</td><td rowspan="3">路菜园闸</td><td>有关成果</td><td></td><td></td><td></td><td></td><td rowspan="6">高</td></tr>
<tr><td>1956 ~ 2016 年</td><td>76.6</td><td>100</td><td>91.9</td><td>100</td></tr>
<tr><td>1980 ~ 2016 年</td><td>76.6</td><td>100</td><td>89.2</td><td>100</td></tr>
<tr><td rowspan="3">张庄闸</td><td>有关成果</td><td></td><td></td><td></td><td></td></tr>
<tr><td>1956 ~ 2016 年</td><td>65.8</td><td>94.6</td><td>64.9</td><td>89.2</td></tr>
<tr><td>1980 ~ 2016 年</td><td>68</td><td>97.3</td><td>89.2</td><td>97.3</td></tr>
</table>

续表 5-5

河湖水系	流域面积（km^2）	控制断面	水文系列	生态基流	基本生态环境需水量			总体评价
				满足程度（%）	满足程度（%）			水资源开利用程度
					不同时段值		全年值	
					汛期	非汛期		
洙赵新河	4 200	魏楼闸	有关成果					高
			1956 ~ 2016 年	91	100	100	100	
			1980 ~ 2016 年	91.7	100	100	100	
鄄郓河	975	刘庄闸	有关成果					中
			1956 ~ 2016 年	68.5	87.0	87.0	91.3	
			1980 ~ 2016 年	68.8	87.0	87.0	91.3	

菏泽市主要河道生态用水特别是生态基流满足程度普遍不高，主要原因：一是当地水资源禀赋条件差，降水与河川径流量时空分布不均，全年 70% 左右的降水集中在汛期，河川径流量甚至集中在有限的几次降雨过程中；二是水资源情势的演变和水土资源开发利用程度及效率越来越高，菏泽市经济社会的快速发展，对水资源的需求较大，大规模河道外用水是导致河流生态水量缺少的直接原因；三是工程调度运行管理，为有效利用水资源，各主要河道节点修建了大量闸坝和蓄水水库，汛期各类水库塘坝拦蓄洪水，由于缺乏生态水量统一调度，人为的调控是汛期生态水量缺乏的重要原因。

河道生态用水不足的影响主要有：一是威胁各类水生生物的生长，河流中的各类生物，特别是稀有物种和濒危物种是河流中的珍贵资源，保护这些水生生物健康栖息条件的生态需水量是至关重要的。需要根据代表性鱼类或水生植物的水量要求，确定一个上包线，设定不同时期、不同河段的生态环境需水量。二是水体自净能力受到影响。河流水质被污染，将使河流的生态环境功能受到直接的破坏，因此河道内需留有一定的水量维持水体的自净功能。三是维持河流健康生命的需要。菏泽市河道普遍为引黄专用通道，对于多泥沙河流，为了输沙、排沙，维持冲刷与侵蚀的动态平衡，需要一定的水量与之匹配。

综上所述，无论是正常年份还是枯水年份，都要需要一定数量的生态需水。为了满足这种要求，需要统筹灌溉用水、城市用水和生态用水，维持河流的最低流量，满足生态的需求。在满足生态需水量的前提下，对农业、工业和城镇生活用水进行合理的分配。同时，按已规定的生态需水水质标准，限制排污总量。

第五节　地下水超采

一、浅层地下水超采

菏泽市目前没有浅层地下水超采。

二、深层承压水开采

地下水是供水资源的重要组成部分，地下水的科学开采与使用关系到菏泽市经济社会的可持续发展和生态环境的保护。地下水超采会导致地下水位降深过大，形成地下漏斗，造成地面沉降、裂缝等危险，影响城市安全和城市用水安全。

经调查，菏泽市地下水超采区面积为 11 764 km^2，年均超采量为 10 786 万 m^2，各县（区）超采区均为深层承压水，见表 5–6。菏泽市深层地下水超采区分布图见附图 24。

表 5–6　菏泽市平原区地下水超采状况

县级	地下水超采区			2001 ~ 2016 年地下水超采状况		
	面积（km^2）	类别	超采程度	年均实际开采量（万 m^3）	年均超采量（万 m^3）	年均水位下降速率（m/ 年）
牡丹区	1 414	深层承压水	严重	1 296	1 296	4.17
定陶区	845	深层承压水	严重	775	775	4.13
曹县	1 967	深层承压水	严重	1 803	1 803	
单县	1 702	深层承压水	严重	1 561	1 561	
成武县	948	深层承压水	严重	869	869	
巨野县	881	深层承压水	严重	808	808	
郓城县	1 598	深层承压水	严重	1 465	1 465	
鄄城县	1 040	深层承压水	严重	954	954	2.74
东明县	1 369	深层承压水	严重	1 255	1 255	
全市	11 764	深层承压水	严重	10 786	10 786	

三、地下水超采引发的生态环境问题

适度的开发利用地下水，有利于地表水和地下水的交换，弥补地表水变化过于剧烈不能满足用水需要的缺点，对生态、环境变化有利，尤其在地下水位较高的地区，开发利用地下水可防止或减轻土壤盐渍化。但如果过量开采利用地下水，开采量长时间超过总补给量，会带来一系列的生态环境问题。

（一）地面沉降

地面沉降是指在一定的地表面积内所发生的地面水平降低的现象。主要在巨厚松散沉积物分布区，因长期大量开采地下水或油气资源，引起地下水位或油位大幅度下降，在上部重力和自重作用下，土体空隙被压缩变密，造成地面水平降低。菏泽市区深层地下水开采量较大，是山东省发生地面沉降地质灾害较严重的城市之一。

菏泽市区城市供水大规模开采松散层孔隙水始于 20 世纪 70 年代，开始以开采浅层地下水为主，到 80 年代逐渐开采深层地下水，开采量逐年增大，至 90 年代深层地下水开采量达 1 200 万 m^3/ 年，超采 670 万 m^3/ 年，地下水降落漏斗面积近 1 000 km^2，漏斗中心水位埋深为 70 m。21 世纪初，深层地下水开采量达到 1 364 万 m^3/ 年，超采 834 万 m^3/ 年，地下水降落漏斗面积达到 1 500 km^2，漏斗中心水位埋深达 110 m。1978~1986 年东明—菏泽大地测量表明，8 年间市区地面累计沉降 77.4 mm，平均降速 9.7 mm/ 年。

据菏泽市地质环境监测站有关资料， 2002 年 10 月至 2003 年 10 月 1 年间，市区最大站点沉降量达 26.8 mm，最小站点沉降量 1.7 mm。其中，年沉降量大于 20 mm 的站点占 8%，年沉降量 10 ~ 20 mm 的站点在 50% 以上。与 20 世纪 80 年代相比，市区地面沉降速度有加快趋势。

随着菏泽市经济社会的快速发展、城市建设规模的扩大、市区人口的增加，对地下水资源特别是深层地下水资源的需求量不断增加，如不加以控制和治理，地面沉降幅度将会进一步加大。沉降具有延时长、不可逆性，地面不均匀沉降引发地裂缝，引起地表建筑、地下管线开裂，危及人民生命财产安全，给城市建筑、城区道路、桥梁、城市供排水系统及防洪等造成较严重的危害。

（二）地面塌陷

地面塌陷是指地表岩体或者土体受自然作用或者人为活动影响向下陷落，并在地面形成塌陷坑洞而造成灾害的现象或过程。菏泽市的地面塌陷可分为第四系地面塌陷和采空塌陷两种。

1. 第四系地面塌陷

第四系地面塌陷多发生于古河道带或粉砂土分布区，地表岩性多为粉砂。干旱季节受大量开采地下水影响，地下粉土受液化等原因随水流失，日久形成空洞，上部土体重量因降水等因素增加，在超过承受极限时，便陷落形成塌陷。

主要发生在单县、曹县、东明县和牡丹区。自 1972 年以来先后发生 13 起塌陷，形成大小塌坑百余个。

1992 年 4 月发生在单县高韦庄镇赵集村的塌陷造成 23 处民房、桥梁开裂。

1999 年 7 月 7 日晨，发生于巨野县田桥乡蔡坊村的一处第四系地面塌陷，塌坑形状似坛子，上口直径 2 m，下部最宽处 4 m，深达 5 m，威胁当地居民的房屋安全。

2003 年 7 月 2 日，牡丹区牡丹办事处苇子园村发生的第四系地面塌陷，造成居民的围墙倒塌，直接威胁居民的生命财产安全。

预测在古河道带及粉土分布区的单县、曹县、东明县和牡丹区，尤其在地下水大量开采的干旱季节，仍具产生第四系地面塌陷的可能性。

2. 采空塌陷

采空塌陷是指地下采矿活动造成一定范围的采空区，使上方土体失去支撑，土体在重力作用下发生弯曲变形或陷落的地质现象。

目前，菏泽市巨野、郓城等县（区）采空塌陷已经相继发生。采空塌陷具有较强的危害性，可破坏地表各类工程建筑、植被、土壤结构，严重污染水环境，造成土地资源减少，恶化矿山地质环境，影响人们的生产及生活质量，对水环境、土地资源等造成危害。

（1）浪费、污染土地资源。采空塌陷造成地面下沉，形成常年积水洼地或积水坑，加剧了可耕土地资源短缺，影响农民收入和生活质量的提高；污染严重的积水可使土壤中的硫酸盐、氯化物、硝酸盐和镁离子增高，造成土壤污染。

（2）对地表水、地下水环境的污染。矿坑水、洗煤水及生活污水不经处理，任意排入积水坑或河道内，造成地表水颜色变黑，具有腥味，并造成地表水中CODCr、BOD_5、SO_4^{2-}等离子含量超标，对矿区地表水环境产生一定影响；在矿山未大规模开发前，矿区第四系孔隙水中的各类离子含量处于天然平衡状态，水质较好。大规模开发利用后，外排矿坑水通过第四系包气带下渗，包气带岩性主要为粉土，渗漏性强，防污隔污能力差，极易遭受各类污染源的入渗，严重污染地下水水质。

（三）地裂缝

地裂缝是指在一定地质自然环境下，由于自然或者人为因素，地表岩土体开裂，在地面形成一定长度和宽度的裂缝的一种地质现象。菏泽市已发生多处地裂缝，尤以南部黄河故道带最为严重。

构造裂缝多由地震引发。其中1983年11月7日菏泽发生5.9级地震时，东明县大屯镇赵真屯村形成北东东方向地裂缝带，长约75 m，宽约30 m，呈雁行式排列，伴有喷水、冒沙现象。

非构造地裂缝多由土体变形引起，常发生于大量开采地下水，水位大幅度下降的区域，一般发生在枯水年的6～9月，尤以暴雨后最为常见。其中1997年9月3日，牡丹区王浩屯镇后刘庄村北发生地裂缝，裂缝长150 m、宽1 cm，呈南北方向，引起多处房屋开裂；在单县高韦庄镇赵集、仁庄、张庄等村庄，近年来多次发生地裂缝，已造成150余户村民的房屋开裂，明渠、桥梁多处断裂。

预测非构造地裂缝，在大量开采地下水的区域内，有进一步发生的可能。随着煤炭资源的开发，采空塌陷伴生的地裂缝也将发生。

（四）浅层地下水降落漏斗

近年来，随着用水量的增加，菏泽市局部范围内因浅层地下水超采形成了不同面积的降落漏斗区。各漏斗区发生的时间不同，发展速度各异。1984年开始在菏泽市东郊形成总面积约19.4 km^2的漏斗区，1987年单县城关及蔬菜集中种植区出现漏斗区，1987～1990年菏泽市漏斗区面积迅速扩大，1988年增加巨野县营里。尽管1990年属丰水年份，仍又增加郓城黄安、牡丹区岳程庄漏斗区。全市漏斗区面积已扩大到726.6 km^2。随着工农业用水的增加，局部井灌区形成的漏斗区仍在继续扩大，至2002年末，埋深超过6 m的漏斗区面积已达5 561 km^2。由于2003～2005年降水充足，各漏斗区地下水得到较好的回补，地下水位大幅度上升，漏斗区面积大大缩小，小面积漏斗区消失，但大面积漏斗区回复缓慢，至今仍有部分地区频繁发生浅层地下水降落漏斗。

（五）河流断流

地下水对河流的补给作用，对维护河流和流域生态的活性有着重要的意义。由于多年集中超采地下水，地下水位大幅度下降，导致依赖地下水补给的河流断流，在雨季河流水体反而补给地下水，从而缩短了河流丰水期的时间，加速了河流的断流。目前，河道断流已经成为常态。

（六）天然植被退化，加重土地沙化

除人为破坏天然植被外，天然植被的退化和物种的减少在很大程度上与局部地下水位的持续下降有着密切的联系。浅层地下水位下降不仅使土壤水分含量降低，还使其保持高水分的时间缩短，植被生存环境条件恶化，导致植被退化。同时由于大量开采地下水，地下水位持续大幅度下降，地表植被生长困难，加剧了土地的沙化。

第六章　水资源综合评价

第一节　水资源禀赋条件

一、降水

菏泽市 1956 ~ 2016 年平均降水总量为 80.7 亿 m^3，相当于面平均年降水量 659.6 mm。全市年降水量极值比为 2.80。全市年降水量最大值发生在 2003 年，为 1 039.5 mm；次大值发生在 1964 年，为 1 027.5 mm，分别比多年均值偏大 57.6%、55.8%；年降水量最小值发生在 1988 年，为 371.5 mm；次小值发生在 1966 年，为 399.0 mm，分别比多年均值偏小 43.7%、39.5%。菏泽市境内主要雨量站年降水量的极值比为 2.90 ~ 5.12。极值比最大的站点为三春集站，其年降水量极值比达 5.12；最小为鄄城站，其年降水量极值比为 2.90。

由于受地理位置、地形等因素的影响，菏泽市年降水量在地区分布上很不均匀。从菏泽市 1956 ~ 2016 年多年平均年降水量等值线图上可以看出，年降水量总的分布趋势是由东南向西北递减。菏泽市大部分县（区）多年平均降水量在 600 ~ 700 mm，小于 600 mm 的县（区）仅有牡丹区北部、鄄城县西北部和郓城县北部，大于 700 mm 的县（区）为单县东部、成武县小部分地区。650 mm 等值线穿过东明县东南部、牡丹区中部和郓城县南部。

菏泽市降水量的年内分配的特点表现为汛期集中，季节分配不均匀和最大月、最小月悬殊等。经计算，各雨量站汛期雨量占年平均雨量的 70% 左右，降水主要集中在汛期。多年平均最大月降水量发生在 7 月，最小月降水量发生在 1 月，最大月降水量为最小月的 20 倍左右。

二、蒸发

菏泽市多年水面蒸发量为 828.4 mm。各县（区）中，总体呈现东南部县区较大、西北部县（区）较小的特点，一般为 800 ~ 900 mm。菏泽市水面蒸发量的年内分配主要受季节变化和温湿条件的影响，全市各地水面蒸发量以 5 ~ 7 月 3 个月为最大，以 1 月、12 月为最小，最大月蒸发量出现在 6 月，最小月蒸发量出现在 1 月，最大月与最小月蒸发量之比为 5.90。

从菏泽市 1980 ~ 2016 年系列历年蒸发量过程线可以看出，年蒸发量保持相对稳定，总体呈偏小趋势。菏泽市各地 1980 ~ 2016 年平均年干旱指数一般为 1.1 ~ 1.5，属于半湿润气候带。总体趋势是由东南部向西北部递增，等值线呈西南—东北走向。

三、地表水资源量

菏泽市 1956 ~ 2016 年多年平均地表水资源量为 63 446 万 m^3。地表水资源量最大值发生在 1964 年，为 23 5516 万 m^3；最小值发生在 1988 年，为 16 648 万 m^3。受降水强度、蒸发、下垫面条件等产流因素影响，地表水资源量的变化幅度、极值比较降水量变化更剧烈、更大。

菏泽市 1956 ~ 2016 年多年平均径流深为 51.9 mm，年径流深的分布很不均匀，从菏泽市 1956 ~ 2016 年平均年径流深等值线图上可以看出，总的分布趋势是从东南向西北递减，等值线走向多呈西南—东北走向。多年平均年径流深多在 50 ~ 75 mm。东明县、鄄城县、牡丹区大部、郓城县西北部多年平均径流深都小于 50 mm。曹县东南部、单县大部和成武县东南部大于 75 mm。高值区与低值区的年径流深相差较大。

菏泽市多年平均 6 ~ 9 月天然径流量占全年的 75% 左右，其中 7 月、8 月两月天然径流量经占全年的 50% ~ 60%，而枯季 8 个月的天然径流量仅占全年径流量的 25% 左右。河川径流年内分配高度集中的特点，给水资源的开发利用带来了困难，制约了菏泽市社会经济的快速健康发展。

四、地下水资源量

菏泽市多年平均地下水资源量、水资源模数分别为 167 465 万 m^3、17.6 万 m^3/km^2。2001 ~ 2016 年全市降水入渗补给量、补给模数分别为 138 328 万 m^3、14.5 万 m^3/km^2；地下水总补给量、补给模数分别为 178 080 万 m^3、18.7 万 m^3/km^2。

各县（区）中，2001 ~ 2016 年降水入渗补给模数成武县最大，为 16.7 万 m^3/km^2；东明县最小，为 11.3 万 m^3/km^2；其他县（区）在 13.4 万 ~ 15.9 万 m^3/km^2。地下水总补给量模数鄄城县最大，为 21.8 万 m^3/km^2；郓城县、单县最小，为 17.5 万 m^3/km^2；其他县（区）在 18.1 万 ~ 20.7 万 m^3/km^2。地下水资源量模数鄄城县最大，为 20.4 万 m^3/km^2；单县最小，为 16.5 万 m^3/km^2；其他县（区）在 16.7 万 ~ 20.1 万 m^3/km^2。

菏泽市地下水资源量中，降水入渗补给量占 82.6%，地表水体补给量占 17.4%。菏泽市地下水资源量中，人工开采量所占比例最大，为 54.3%，自然排泄量所占比例为 16.1%。

五、水资源总量

菏泽市 1956 ~ 2016 年多年平均水资源总量 190 355 万 m^3，水资源总量模数 15.6 万 m^3/km^2。各县（区）中，水资源总量模数最大的单县为 19.8 万 m^3/km^2，最小的鄄城县为 8.5 万 m^3/km^2；水资源总量模数在 15 万 ~ 20 万 m^3/km^2 的县（区）有单县、曹县、定陶区、成武县、郓城县，在 10 万 ~ 15 万 m^3/km^2 的县有牡丹区、东明县、巨野县，小于 10 万 m^3/km^2 的县（区）为鄄城县。

水资源总量年际变化小于地表水资源量年际变化。全市平均水资源总量变差系数 0.45，极值比 8.33，极差 41.88 亿 m^3。各地水资源总量变差系数一般为 0.36 ~ 0.80，极值比为 7.2 ~ 15.5。

第二节　水循环平衡分析

一、水循环分析

菏泽市湖西区地表产流系数为0.08，降水入渗补给系数为0.16，产水系数为0.24。产水系数和补给系数主要受集水区的地形、流域特性因子、平均坡度、地表植被情况及土壤特性等的影响。系数越大则代表降雨较不易被土壤吸收，亦即会增加排水沟渠的负荷。东、南部年降水量较大的县（区）受降水强度相对较大的影响，系数也会较大。

二、地表水平衡

菏泽市地表水资源量平衡项主要有蒸发、用水消耗量、出入境水量、调入调出水量、地表水体蓄变量及其他水量平衡项。从多年平均来看，总体是平衡的。

三、地下水均衡

菏泽市湖西平原区2001 ~ 2016年多年平均浅层地下水总补给量167 952万m^3，总排泄量109 323万m^3，地下水蓄变量20 898万m^3，相对均衡差4.6%。

菏泽市黄河干流区2001 ~ 2016年多年平均浅层地下水总补给量10 127万m^3，总排泄量13 591万m^3，地下水蓄变量-2 822万m^3，相对均衡差-6.3%。

以上多年平均相对均衡差$|\delta| \leq 10\%$，符合《全省水资源调查评价技术细则》要求。

四、供用耗排平衡

菏泽市2001 ~ 2016年多年平均水资源总量200 977万m^3，入境水量87 203万m^3，出境水量45 598万m^3，调水量87 203万m^3，深层地下水开采量12 594万m^3，地下水蓄变量50 898万m^3，用水消耗量154 158万m^3，非用水消耗量59 616万m^3，水量平衡差9 496万m^3，水量平衡差占水资源总量的4.7%。

第三节　水资源演变情势分析

水资源演变情势是指由于人类活动改变了地表与地下产水的下垫面条件，造成水资源数量、质量发生时空变化的态势。影响水资源变化情势的主要人类活动包括城市化、水土保持、水利工程拦蓄、调引水、地下水开采、灌溉方式、用水结构、污水处理水平等。

一、地下水资源情势变化

地下水资源评价是以现状条件为评价基础的，因此对比本次与第二次地下水资源评价成果，分析由于下垫面条件和人类活动而引起的地下水资源情势变化。2001 ~ 2016 年全市多年平均地下水资源量为 167 465 万 m^3，多年平均地下水资源模数为 17.6 万 m^3/（km^2・年），与 1980 ~ 2000 年（第二次水资源评价，计算面积为 10 208 km^2，下同）多年平均地下水资源量为 166 970.74 万 m^3，多年平均地下水资源模数为 16.4 万 m^3/（km^2・年）相比基本持平。而 2001 ~ 2016 年、1980 ~ 2000 年两个系列降水量分别为 680.9、607.9 mm，两者变化规律有明显差别。这说明地下水资源量的多少，不仅取决于降水量的多少，也与其他因素，尤其是下垫面与水资源开发利用等人类活动有关。

菏泽市属于平原区，地下水资源评价采用补给量法。在各项补给量中，降水入渗补给量的变化不仅受降水量变化的影响，也与人类活动，如地下水开发利用引起的地下水埋深变化、城市化带来的不透水面积增加等有关。其他各项补给量，如地表补给量、井灌回归补给量等则主要与人类活动有关。全市（矿化度 $M \leqslant 2$ g/L）1980 ~ 2000 年系列、2001 ~ 2016 系列多年平均地下水总补给量分别为 170 028.09 万、178 080 万 m^3，总补给模数分别为 16.7 万、18.7 万 m^3/（km^2・年）；地下水资源量分别为 166 970.74 万、167 465 万 m^3，总补给模数分别为 16.4 万、17.6 万 m^3/（km^2・年），均有不同程度增加。在各项补给量中，1980 ~ 2000 年多年平均降水入渗补给量为 136 256.37 万 m^3、地表水体补给量为 30 714.37 万 m^3、井灌回归补给量为 3 057.35 万 m^3，分别占地下水资源量的 81.6%、18.4%、1.8%，2001 ~ 2016 年多年平均降水入渗补给量为 138 328 万 m^3、地表水体补给量为 29 136 万 m^3、井灌回归补给量为 10 615 万 m^3，分别占地下水资源量的 82.6%、17.4%、6.3%。井灌回归补给量受小农水重点县项目引黄灌区内井灌面积扩大等因素影响，有较大增加。

二、地表水资源情势变化

全市水资源调查评价地表水资源量评价部分分三个系列进行评价：1956 ~ 2016 年系列、1956 ~ 2000 年系列和 1980 ~ 2016 年系列。本次评价要求在单站径流还原计算的基础上，以 2001 ~ 2016 年作为近期下垫面条件，对其同步期逐年天然河川径流量进行系列一致性分析，形成各评价系列多年平均地表水资源量。评价计算面积为 12 228 km^2。

本次评价 1956 ~ 2016 年系列多年平均径流量为 63 446 万 m^3，多年平均径流深 51.9 mm。经同期 1956 ~ 2000 年系列与二次评价比较，菏泽市地表水资源量多年均值和多年平均径流深增加 0.2%。

本次评价 1956 ~ 2016 年系列是最长系列年份，二次评价 1956 ~ 2000 年系列是最长系列年份，两次评价最长系列年份比较，菏泽市地表水资源量多年均值和多年平均径流深增加 2.2%，见表 6-1。

表 6-1　菏泽市地表水资源量特征值比较

评价次数	地级行政区	计算面积（km²）	统计年限	年数	年均值（万 m³）	多年平均径流深（mm）
本次评价	菏泽市	12 228	1956 ~ 2016 年	61	63 446	51.9
			1956 ~ 2000 年	45	62 240	50.9
			1980 ~ 2016 年	37	54 666	44.7
二次评价	菏泽市	12 228	1956 ~ 2000 年	45	62 103	50.8
			1956 ~ 1979 年	24	72 611	59.4
			1971 ~ 2000 年	30	51 809	42.4
			1980 ~ 2000 年	21	50 095	41.0
与二次评价相比较（%）			1956 ~ 2000 年	45	0.2	0.2
本次 1956 ~ 2016 年系列与二次 1956 ~ 2000 年系列比较（%）					2.2	2.2

第四节　水生态环境状况

2016 年菏泽市主要入河排污口污水入河总量为 1.81 亿 m³/ 年，COD 入河总量为 3 044.59 t/ 年，氨氮入河总量为 477.76 t/ 年，总磷入河总量为 143.92 t/ 年，总氮入河总量为 2 960.49 t/ 年。

从菏泽市重点河流水质评价成果看，东鱼河和东鱼南支水质较好，主要为Ⅱ类水、Ⅲ类水和Ⅳ类水；鄄郓河、郓巨河和洙水河水质较差，主要为Ⅴ类水和劣Ⅴ类水。11 个平原水库中，除成武县九女湖水库和箕山河净水厂水库外，其余水库水质较好，水质类别达到Ⅱ类或Ⅲ类。

经统计，全市Ⅳ类水质监测井井数占评价选用井总数的 53%。全市Ⅴ类水质监测井井数占评价选用井总数的 47%。

河道内实测径流量变化情势分析表明，菏泽市内河道径流量整体呈现减少趋势。河道断流次数与频率呈增加趋势，主要河道生态用水特别是生态基流满足程度普遍不高。

当前由于菏泽市水土资源过度开发，水生态环境受到了一定程度的损害。

第五节 水资源及其开发利用状况综合评述

一、水资源总体状况评述

菏泽市 1956 ~ 2016 年多年平均年降水量 659.6 mm，近期下垫面条件下形成的地表水资源量 63 446 万 m^3，地下水资源量（$M \leqslant 2$ g/L）167 465 万 m^3，水资源总量 190 355 万 m^3。多年平均地表水资源可利用量 29 307 万 m^3，地下水可开采量 132 346 万 m^3，水资源可利用总量 148 287 万 m^3。1956 ~ 2016 年系列代表性总体较好、略偏丰。

全市人均占有水资源量 188 m^3,仅为全省人均占有量的62%、全国人均占有量的9%。水资源年际变化大，连丰、连枯现象显著，全市平均地表水资源量极值比为 14.15，全市平均水资源总量极值比为 8.33。水资源年内分配集中，降水量 70% 左右集中在汛期、50% 左右集中在 7 ~ 8 月，有些年份就集中在一两场暴雨中；地表水资源量集中程度更高，约 75% 的天然径流量集中在汛期。水资源地区分布不均，年降水量单县东部、成武县小部分地区高值区在 700 mm 以上，牡丹区北部、鄄城县西北部和郓城县北部低值区小于 600 mm；地表水径流深高值区在 75 mm 以上，低值区不及 50 mm；地下水资源模数高值区超过 20 万 m^3/km^2、低值区不及 16.5 万 m^3/km^2。

2016 年全市河流水质情况，Ⅱ、Ⅲ类标准水质河流长度占 36.2%，Ⅳ类和Ⅴ类河长占 42.3%，劣Ⅴ类河长占 21.5%。全市 13 个平原水库中，成武县九女湖水库、单县浮岗水库、牡丹区南湖水库水质评价结果为Ⅳ类；鄄城县箕山河净水厂水库评价结果为Ⅴ类；其余水库水质较好，水质类别达到Ⅱ类或Ⅲ类。

2016 年全市Ⅳ类水质监测井井数占评价选用井总数的 53%，Ⅴ类水质井数占 47%。

二、水资源开发利用状况评述

根据 2001 ~ 2016 年数据统计，全市多年平均总供水量 217 023 万 m^3。其中，当地地表水供水量 17 613 万 m^3，占 8.1%；地下水供水量 109 107 万 m^3，占 50.3%；跨流域调水供水量 87 203 万 m^3，占 40.2%；非常规水源供水量 3 099 万 m^3，占 1.4%。菏泽市总供水量呈增加趋势，地下水源供水量比重上升。

2001 ~ 2016 年全市多年平均总用水量 217 023 万 m^3。其中, 农业用水量 174 240 万 m^3, 占 80.3%; 工业用水量 16 759 万 m^3, 占 7.7%; 生活用水量 22 915 万 m^3, 占 10.6%; 生态环境用水量 3 109 万 m^3, 占 1.4%。总用水量呈增加趋势, 农业用水量所占比重较大。

2016 年菏泽市人均综合用水量 269.31 m^3，万元 GDP 用水量 69.11 m^3，万元工业增加值用水量 13.28 m^3，亩均耕地灌溉用水量 176.98 m^3，人均城镇生活用水量 89.02 L、人均农村居民生活用水量 54.6 L。以上用水指标近期变化基本平稳。

根据 2010 ~ 2016 年开发利用数据统计，现状菏泽市当地地表水资源平均用水量为 17 614 万 m^3，多年平均地表水资源量为 63 446 万 m^3，地表水水资源开发利用程度为 27.8%。菏泽市当地水资源平均用水量为 136 688 万 m^3，多年平均水资源总量为 190 355 万 m^3，当地水资源开发利用程度为 71.8%。

2016 年菏泽市主要入河排污口污水入河总量为 1.81 亿 m^3/ 年，COD 入河总量为 3 044.59 t/ 年，氨氮入河总量为 477.76 t/ 年，总磷入河总量为 143.92 t/ 年，总氮入河总量为 2 960.49 t/ 年。

三、水资源及其开发利用存在的问题

受连丰年份降水量增加的影响，多年平均地表水资源量和地下水资源量都有所增加。但全市水环境质量状况和水生态环境并没有得到根本改变，全市水资源及其开发利用存在的问题主要有以下几点：

（1）水资源禀赋与经济社会发展布局不相匹配，降水与水资源量的时空分布不均与经济社会发展对水资源的稳定需求持续增加的矛盾越来越突出。

（2）地表水环境污染仍然严重与地下水质量状况没有根本好转并存。

（3）人类活动成为影响河道径流量减少、河道长期断流、水生态恶化和生态基流、河道生态用水满足程度普遍不高的重要因素。

（4）浅层地下水变幅增加、深层地下水严重超采，人类对地下水的开发利用程度越来越高。

四、建议

（一）坚持节水优先

菏泽市的水资源禀赋条件决定了要坚持以水定城、以水定地、以水定人、以水定产，把水资源作为最大的刚性约束，合理规划人口、城市和产业发展，坚决抑制不合理用水需求，大力发展节水产业和技术，实施全社会节水行动，推动用水方式由粗放向节约集约转变。严格落实《国家节水行动方案》和《山东省落实国家节水行动实施方案》，大力推进全社会各领域节水，坚决遏制部分领域用水浪费的行为，全面提升水资源利用效率，形成节水型生产生活方式，促进经济社会高质量发展。

改变用水方式，发展高效节水农业。采取有效政策措施，引导沿黄县区摒弃大水漫灌方式，发展高效节水农业；引导沿黄县（区）充分利用浅层地下水补给条件好、埋藏浅、开采方便的特点尽可能多利用地下水，为下游县（区）地下水补源、灌溉提供尽可能多的水源，增加地下水调蓄能力，实现水资源利用效益的最大化。

（二）破解水资源配置与经济社会发展需求不相适应的突出瓶颈

充分利用洪水资源，科学运用各拦河闸坝，在不造成洪涝灾害的前提下，充分拦蓄地表水，尽可能减少洪水弃水比例。

改变现有引黄模式。在水质有保障的前提下，改变当前只有旱情严重才大量引黄的模式，实现有水即引、细水长流。在旱情严重时，往往也是黄河来水较枯的季节，有可能引水困难或无水可引，造成引黄指标浪费。因此，有必要打破现有引黄模式，在黄河来水量较大，引黄条件较好，沿线农业灌溉用水量不大时也引水，有利于地下水埋深大、开发利用程度较高地区的地下水补源。

（三）加大污水处理回用力度

充分利用现有污水处理回用政策、设施，尽可能实现生产废水、生活废水回用与达标排放，减少污染地表水，不污染地下水。

全面规划，合理布局，进行区域综合治理。在制定区域规划、城市建设规划、工业区规划时，对可能出现的水体污染，采取预防措施。对水体污染源进行全面规划和综合治理，杜绝工业废水和城市污水任意排放。同行业废水应集中处理，以减少污染源的数目，便于管理。有计划治理已被污染的水体。

加强监测管理，执行有关环保法律和控制标准，协调和监督各部门、企业保护环境，保护水源。

（四）保证河道生态用水

改变闸坝运用方式，实现水资源统一调度，满足河流生态用水需要。人类修建水工程的目的是更好地开发利用水资源，维持河道健康生命与生态安全，避免不顾河道生态无计划用水现象的发生。

（五）实现深层地下水禁采，浅层地下水合理开采

深层地下水位连年快速下降，正在和已经造成了地面沉降等生态环境问题，不可持续，严格落实鲁政字〔2015〕30号批复的山东省地下水限采区和禁采区划定方案、超采区综合整治实施方案，实施深层地下水禁采。在引水、补给条件较好的地区，可以增加浅层地下水的开发利用程度，增加地下水库的充库调节次数与调蓄能力，实现浅层地下水资源的有效利用。

五、水资源变化趋势预测

综合考虑上述因素对菏泽市未来土地利用和水资源开发利用变化趋势进行分析，预计未来水资源可能会出现如下变化趋势。

（一）个别干旱年份用水情况将会遇到较大挑战

原因主要有：一是水资源总量有限。水资源虽具有多年调节的特性，但总量也是有限的。二是随着经济社会的发展，即便采取充分的节水措施，未来社会用水量仍将会出现一个相对稳定或增长的趋势。但不同年份水资源量随着降水量的丰枯变化是会有较大波动的，近几年菏泽市的水资源供需形势之所以较为稳定、矛盾较小，主要是因为2003 ~ 2016年14年间有11年降水量超过多年均值，年均降水量713.1 mm，属于降水偏丰年份。在遭遇降水偏枯或连枯年份，菏泽市的用水矛盾将会越来越突出。三是在改革开放特别是实行家庭联产承包责任制后，采取行政措施对农业用水灌溉进行用水调控存在较大的困难。干旱年份也是农业用水、井灌用水较大的年份。

（二）整体水质会逐步好转，局部地区水质恶化趋势明显

今后，随着各项环保制度的落实、污染治理投资的增加、污水回用率的提高，超标排污的状况会得到遏制，从而促进各类水体水质状况的好转。但局部地区地下水开发利用程度高，地表水、地下水交换频繁，地下水更容易受到污染，导致局部水质恶化趋势明显。

（三）局部地区产水量可能会增加

地下水超采区和降落漏斗的恢复、沿黄县（区）地下水埋深适当降至地下水最佳补给埋深左右，可以有效改善局部地区产水条件，增加产水量。

（四）地下水各项补给量所占比例会有所变化

随着节水灌溉面积的扩大，灌溉定额、灌溉水量会降低，灌溉入渗补给量也会有所减少。但是，随着各种地下水补源措施的实施、河道基流保障制度的建立和落实，地表水对地下水的补给量会相应增加。

附　录

附　表

附表 1　菏泽市水资源分区年降水量特征值

水资源三级区	水资源四级区	计算面积（km^2）	统计年限	年数	统计参数			不同频率年降水量(mm)			
					年均值（mm）	C_v	C_s/C_v	20%	50%	75%	95%
湖西区	湖西平原区	11 749	1956 ~ 2016 年	61	661.5	0.230	2.00	784.8	649.9	553.6	432.6
			1956 ~ 2000 年	45	654.9	0.220	2.00	770.8	643.4	552.0	436.5
			1980 ~ 2016 年	37	640.8	0.230	2.00	760.3	629.5	536.3	419.1
花园口以下干流区间	黄河干流区	479	1956 ~ 2016 年	61	614.8	0.240	2.00	734.3	603.0	509.8	393.7
			1956 ~ 2000 年	45	607.1	0.230	2.00	720.3	596.5	508.1	397.1
			1980 ~ 2016 年	37	607.1	0.240	2.00	725.1	595.4	503.4	388.8

附表 2　菏泽市行政分区年降水量特征值

地级行政区	县级行政区	计算面积（km^2）	统计年限	年数	统计参数			不同频率年降水量（mm）			
					年均值（mm）	C_v	C_s/C_v	20%	50%	75%	95%
菏泽市	牡丹区	1 412	1956 ~ 2016 年	61	636.9	0.25	2	765.5	623.6	523.5	399.4
			1956 ~ 2000 年	45	629.5	0.24	2	751.8	617.4	522.0	403.1
			1980 ~ 2016 年	37	621.0	0.25	2	746.4	608.1	510.4	389.5
菏泽市	定陶区	844	1956 ~ 2016 年	61	669.7	0.25	2	804.9	655.7	550.4	420.0
			1956 ~ 2000 年	45	658.5	0.25	2	791.5	644.8	541.2	413.0
			1980 ~ 2016 年	37	651.9	0.25	2	783.5	638.3	535.8	408.9
菏泽市	曹县	1 969	1956 ~ 2016 年	61	678.7	0.24	2	810.6	665.7	562.9	434.7
			1956 ~ 2000 年	45	673.3	0.24	2	804.2	660.3	558.4	431.2
			1980 ~ 2016 年	37	662.8	0.22	2	781.4	652.2	559.6	442.5
菏泽市	单县	1 666	1956 ~ 2016 年	61	694.2	0.25	2	834.4	679.8	570.6	435.4
			1956 ~ 2000 年	45	674.8	0.24	2	805.9	661.8	559.6	432.1
			1980 ~ 2016 年	37	664.3	0.26	2	803.6	649.4	541.1	407.9
菏泽市	成武县	996	1956 ~ 2016 年	61	678.1	0.25	2	815.0	664.0	557.3	425.3
			1956 ~ 2000 年	45	664.1	0.26	2	803.3	649.2	540.9	407.8
			1980 ~ 2016 年	37	651.9	0.24	2	778.6	639.3	540.6	417.5
菏泽市	巨野县	1 305	1956 ~ 2016 年	61	681.6	0.25	2	819.2	667.4	560.2	427.5
			1956 ~ 2000 年	45	676.2	0.24	2	807.6	663.2	560.8	433.1
			1980 ~ 2016 年	37	655.2	0.27	2	797.5	639.4	528.8	393.8
菏泽市	郓城县	1 639	1956 ~ 2016 年	61	645.7	0.25	2	776.1	632.3	530.7	405.0
			1956 ~ 2000 年	45	649.4	0.25	2	780.5	635.9	533.8	407.3
			1980 ~ 2016 年	37	619.9	0.25	2	745.0	607.0	509.5	388.8

续附表 2

地级行政区	县级行政区	计算面积（km^2）	统计年限	年数	统计参数			不同频率年降水量（mm）			
					年均值（mm）	C_v	C_s/C_v	20%	50%	75%	95%
菏泽市	鄄城县	1 030	1956 ~ 2016 年	61	605.8	0.25	2	728.1	593.2	497.9	379.9
			1956 ~ 2000 年	45	602.5	0.25	2	724.2	589.9	495.2	377.9
			1980 ~ 2016 年	37	593.7	0.24	2	709.1	582.3	492.3	380.2
菏泽市	东明县	1 367	1956 ~ 2016 年	61	630.3	0.25	2	757.5	617.1	518.0	395.3
			1956 ~ 2000 年	45	622.0	0.24	2	742.9	610.0	515.8	398.3
			1980 ~ 2016 年	37	620.7	0.24	2	741.4	608.8	514.8	397.5
菏泽市	菏泽市	12 228	1956 ~ 2016 年	61	659.6	0.23	2	754.6	648.1	552.0	431.4
			1956 ~ 2000 年	45	652.1	0.22	2	768.7	641.6	550.5	435.3
			1980 ~ 2016 年	37	639.5	0.23	2	758.7	628.2	535.1	418.2

附表 3 菏泽市水资源分区年地表水资源量特征值

水资源三级区	水资源四级区	计算面积（km^2）	统计年限	年数	统计参数			不同频率地表水资源量（万 m^3）			
					年均值（万 m^3）	C_v	C_s/C_v	20%	50%	75%	95%
湖西区	湖西平原区	11 749	1956 ~ 2016 年	61	61 389	0.79	2	94 279	49 206	25 918	8 013
			1956 ~ 2000 年	45	60 200	0.78	2	92 196	48 536	25 838	8 163
			1980 ~ 2016 年	37	52 833	0.77	2	80 683	42 841	23 046	7 441
花园口以下干流区间	黄河干流区	479	1956 ~ 2016 年	61	2 057	0.78	2	3 150	1 659	883	279
			1956 ~ 2000 年	45	2 040	0.82	2	3 158	1 605	820	236
			1980 ~ 2016 年	37	1 833	0.70	2	2 738	1 544	890	334

附表 4 菏泽市行政分区年地表水资源量特征值

地级行政区	县级行政区	计算面积（km^2）	统计年限	年数	统计参数			不同频率地表水资源量（万 m^3）			
					年均值（万 m^3）	C_v	C_s/C_v	20%	50%	75%	95%
菏泽市	牡丹区	1 412	1956 ~ 2016 年	61	5 931	0.68	2	8 797	5 046	2 967	1 159
			1956 ~ 2000 年	45	5 901	0.71	2	8 843	4 945	2 823	1 038
			1980 ~ 2016 年	37	5 084	0.56	2	7 198	4 564	2 993	1 460
菏泽市	定陶区	844	1956 ~ 2016 年	61	3 903	1.04	2	6 319	2 618	1 032	161
			1956 ~ 2000 年	45	3 684	0.95	2	5 878	2 655	1 171	240
			1980 ~ 2016 年	37	3 394	1.13	2	5 554	2 103	735	85

续附表 4

地级行政区	县级行政区	计算面积（km^2）	统计年限	年数	统计参数			不同频率地表水资源量（万 m^3）			
					年均值（万 m^3）	C_v	C_s/C_v	20%	50%	75%	95%
菏泽市	曹县	1 969	1956 ~ 2016 年	61	11 523	0.97	2	18 451	8 174	3 524	685
			1956 ~ 2000 年	45	11 484	0.93	2	18 249	8 395	3 790	821
			1980 ~ 2016 年	37	9 166	0.98	2	14 701	6 451	2 749	519
菏泽市	单县	1 666	1956 ~ 2016 年	61	11 460	0.84	2	17 840	8 907	4 454	1 221
			1956 ~ 2000 年	45	10 625	0.83	2	16 494	8 311	4 200	1 178
			1980 ~ 2016 年	37	10 090	0.84	2	15 708	7 842	3 922	1 075
菏泽市	成武县	996	1956 ~ 2016 年	61	5 854	0.98	2	9 390	4 121	1 756	332
			1956 ~ 2000 年	45	5 775	0.95	2	9 215	4 162	1 836	377
			1980 ~ 2016 年	37	4 604	1.02	2	7 432	3 140	1 272	211
菏泽市	巨野县	1 305	1956 ~ 2016 年	61	5 991	0.75	2	9 096	4 913	2 698	909
			1956 ~ 2000 年	45	5 882	0.79	2	9 034	4 715	2 484	768
			1980 ~ 2016 年	37	5 534	0.75	2	8 402	4 538	2 492	840
菏泽市	郓城县	1 639	1956 ~ 2016 年	61	8 304	1.23	2	13 672	4 664	1 410	117
			1956 ~ 2000 年	45	8 350	1.33	2	13 759	4 206	1 083	61
			1980 ~ 2016 年	37	7 472	1.19	2	12 280	4 369	1 401	135
菏泽市	鄄城县	1 030	1956 ~ 2016 年	61	4 820	1.12	2	7 879	3 015	1 069	128
			1956 ~ 2000 年	45	4 841	1.22	2	7 968	2 747	843	72
			1980 ~ 2016 年	37	4 402	1.09	2	7 173	2 829	1 045	138
菏泽市	东明县	1 367	1956 ~ 2016 年	61	5 660	0.68	2	8 335	4 863	2 914	1 183
			1956 ~ 2000 年	45	5 603	0.69	2	8 340	4 744	2 762	1 058
			1980 ~ 2016 年	37	4 920	0.56	2	6 966	4 416	2 897	1 413
菏泽市	菏泽市	12 228	1956 ~ 2016 年	61	63 446	0.79	2	97 439	50 855	26 786	8 281
			1956 ~ 2000 年	45	62 240	0.78	2	95 319	50 180	26 713	8 440
			1980 ~ 2016 年	37	54 666	0.77	2	83 483	44 328	23 846	7 699

附表 5　菏泽市平原区多年平均浅层

年限	地下水Ⅱ级类型区名称		所在水资源分区			所在行政分区	面积		补给量							
									降水入渗补给量	降水入渗补给量模数	山前侧向补给量	地表水体补给量				井灌回归补给量
												跨水资源一级区形成的地表水体补给量	本水资源一级区地表水体补给量		合计	
	名称*1	类型*2	二级区	三级区	四级区	地级	合计	其中：计算面积					合计	其中：山丘区河川基流形成的		
							A	*F*	(1)	(2)=(1)/*F*	(3)	(4)	(5)	(6)	(7)=(4)+(5)	(8)
2001~2016	湖西平原区	一般平原区	沂沭泗河	湖西区	湖西平原区	菏泽市	11 749	9 092.41	133 159	14.6	0	21 576	2 602	0	24 178	10 615
				三级区小计		菏泽市	11 749	9 092.41	133 159	14.6	0	21 576	2 602	0	24 178	10 615
			二级区小计			菏泽市	11 749	9 092.41	133 159	14.6	0	21 576	2 602	0	24 178	10 615
2001~2016	黄河干流区	一般平原区	花园口以下	花园口以下干流区间	黄河干流区	菏泽市	479	429.00	5 169	12.1	0	0	4 958	0	4 958	0
				三级区小计		菏泽市	479	429.00	5 169	12.1	0	0	4 958	0	4 958	0
			二级区小计			菏泽市	479	429.00	5 169	12.1	0	0	4 958	0	4 958	0
2001~2016			全市合计				12 228	9 521.41	138 328	14.5	0	21 576	7 560	0	29 136	10 615
1980~2016	湖西平原区	一般平原区	沂沭泗河	湖西区	湖西平原区	菏泽市	11 749	9 092.41	121 342	13.3	0	21 576	2 602	0	24 178	10 615
				三级区小计		菏泽市	11 749	9 092.41	121 342	13.3	0	21 576	2 602	0	24 178	10 615
			二级区小计			菏泽市	11 749	9 092.41	121 342	13.3	0	21 576	2 602	0	24 178	10 615
1980~2016	黄河干流区	一般平原区	花园口以下	花园口以下干流区间	黄河干流区	菏泽市	479	429.00	4 857	11.3	0	0	4 958	0	4 958	0
				三级区小计		菏泽 市	479	429.00	4 857	11.3	0	0	4 958	0	4 958	0
			二级区小计			菏泽市	479	429.00	4 857	11.3	0	0	4 958	0	4 958	0
1980~2016			全市合计				12 228	9 521.41	126 199	13.3	0	21 576	7 560	0	29 136	10 615

地下水资源量（矿化度 $M \leqslant 2$ g/L，按水资源分区）

（单位：面积，km²；水量，万 m³；模数，万 m³/km²）

			地下水资源量			排泄量		河道排泄量									
其他补给量*3	地下水总体补给量	地下水总补给量模数	合计	其中：$M \leqslant$ 1g/L	地下水资源量模数	实际开采量	潜水蒸发量	合计	其中：降水入渗补给量形成的	侧向流出量	湖库排泄量	其他排泄量*4	地下水总排泄量	地下水蓄变量	河道渗漏与湖库渗漏补给量	渠系渗漏与渠灌田间入渗补给量	备注
(9)	(10)=(1)+(3)+(7)+(8)+(9)	(11)=(10)/F	(12)=(10)−(8)	(13)	(14)=(12)/F	(15)	(16)	(17)	(18)	(19)	(20)	(21)	(22)=(15)+(16)+(17)+(19)+(20)+(21)	(23)	(24)	(25)	
0	167 952	18.5	157 337	1 622	17.3	90 949	12 550	5 824	4 190	0	0	0	109 323	50 898			
0	167 952	18.5	157 337	1 622	17.3	90 949	12 550	5 824	4 190	0	0	0	109 323	50 898			
0	167 952	18.5	157 337	1622	17.3	90 949	12 550	5 824	4 190	0	0	0	109 323	50 898			
0	10 127	23.6	10 127	0	23.6	0	8 633	0	0	4 958	0	0	13 591	−2 822			
0	10 127	23.6	10 127	0	23.6	0	8 633	0	0	4 958	0	0	13 591	−2 822			
0	10 127	23.6	10 127	0	23.6	0	8 633	0	0	4 958	0	0	1 3591	−2 822			
0	178 080	18.7	167 465	1 622	17.6	90 949	21 184	5 824	4 190	4 958	0	0	122 915	48 077			
0	156 136	17.2	145 520	1 622	16.0	90 949	12 550	5 824	3 905	0	0	0	109 323	50 898			
0	156 136	17.2	145 520	1622	16.0	90 949	12 550	5 824	3 905	0	0	0	109 323	50 898			
0	156 136	17.2	145 520	1622	16.0	90 949	12 550	5 824	3 905	0	0	0	109 323	50 898			
0	9 815	22.9	9 815	0	22.9	0	8 633	0	0	4 958	0	0	13 591	−2 822			
0	9 815	22.9	9 815	0	22.9	0	8 633	0		4 958	0	0	13 591	−2 822			
0	9 815	22.9	9 815	0	22.9	0	8 633	0		4 958	0	0	13 591	−2 822			
0	165 950	17.4	155 335	1 622	16.3	90 949	21 184	5 824		4 958	0	0	122 915	48 077			

附表6　菏泽市平原区多年平均浅层

年限	地下水Ⅱ级类型区名称		所在行政分区		面积（km²）		补给量								
							降水入渗补给量（万m³）	降水入渗补给量模数（万m³/km²）	山前侧向补给量（万m³）	地表水体补给量（万m³）				井灌回归补给量	其他补给量*3
										跨水资源一级区形成的地表水体补给量	本水资源一级区地表水体补给量		合计		
	名称*1	类型*2	地级	县级	合计	其中：计算面积					合计	其中：山丘区河川基流形成的			
					A	F	(1)	(2)=(1)/F	(3)	(4)	(5)	(6)	(7)=(4)+(5)	(8)	(9)
2001~2016			菏泽市	牡丹区	1 412	1 120.86	15 578	13.9		2 736	735		3 471	1 275	
			菏泽市	定陶区	844	804.01	12 398	15.4		1 372	175		1 546	818	
			菏泽市	曹县	1 969	1 794.65	27 652	15.4		3 045	490		3 534	2 005	
			菏泽市	单县	1 666	1 505.89	23 587	15.7		992	202		1 194	1 640	
			菏泽市	成武县	996	773.05	12 888	16.7		967	49		1 016	1 264	
			菏泽市	巨野县	1 305	606.69	9 669	15.9		791	38		829	1 424	
			菏泽市	郓城县	1 639	1 359.05	18 278	13.4		3 268	1 171		4 440	1 038	
			菏泽市	鄄城县	1 030	317.40	4 290	13.5		1 140	1 039		2 178	459	
			菏泽市	东明县	1 367	1 239.81	13 990	11.3		7 266	3 662		10 928	693	
			全市合计		12 228	9521	138 328	14.5	0	21 576	7 560	0	29 136	10 615	0
1980~2016			菏泽市	牡丹区	1 412	1 120.86	14 249	12.7		2 736	735		3 471	1 275	
			菏泽市	定陶区	844	804.01	10 874	13.5		1 372	175		1 546	818	
			菏泽市	曹县	1 969	1 794.65	25 750	14.3		3 045	490		3 534	2 005	
			菏泽市	单县	1 666	1 505.89	20 636	13.7		992	202		1 194	1 640	
			菏泽市	成武县	996	773.05	11 183	14.5		967	49		1 016	1 264	
			菏泽市	巨野县	1 305	606.69	8 656	14.3		791	38		829	1 424	
			菏泽市	郓城县	1 639	1 359.05	17 722	13.0		3 268	1 171		4 440	1 038	
			菏泽市	鄄城县	1 030	317.40	4 098	12.9		1 140	1 039		2 178	459	
			菏泽市	东明县	1 367	1 239.81	13 031	10.5		7 266	3 662		10 928	693	
			全市合计		12 228	9 521.41	126 199	13.3	0	21 576	7 560	0	29 136	10 615	0

地下水资源量（矿化度 $M \leqslant 2$ g/L，按行政分区）

补给量					排泄量								地下水蓄变量	河道渗漏与湖库渗漏补给量	渠系渗漏与渠田间入渗补给量	备注
地下水总体补给量	地下水总补给量模数	地下水资源量		地下水资源量模数（万 m³/km²）	实际开采量	潜水蒸发量	河道排泄量		侧向流出量	湖库排泄量	其他排泄量＊4	地下水总排泄量				
		合计	其中：$M \leqslant$ 1 g/L				合计	其中：降水入渗补给量形成的								
(10)=(1)+(3)+(7)+(8)+(9)	(11)=(10)/F	(12)=(10)−(8)	(13)	(14)=(12)/F	(15)	(16)	(17)	(18)	(19)	(20)	(21)	(22)=(15)+(16)+(17)+(19)+(20)+(21)	(23)	(24)	(25)	
20 323	18.1	19 048		17.0	13 782	426	1 037		254			15 499	−4 071			
14 762	18.4	13 944		17.3	6 891	227	294					7 412	481			
33 191	18.5	31 186	1 081	17.4	17 531	21	720					18 273	5 289			
26 420	17.5	24 780		16.5	13 452	8	196					13 656	45 794			
15167	19.6	13 903		18.0	10 973	990	76					12 038	4 115			
11 922	19.7	10 498		17.3	5 832	321	62					6 215	6 925			
23 756	17.5	22 718	541	16.7	10 681	350	1 279		566			12 876	−5 753			
6 927	21.8	6 468		20.4	4 818	1 341	378		901			7 439	−1 279			
25 611	20.7	24 918		20.1	6 991	17 498	1 782		3 236			29 506	−3 424			
178 080	18.7	167 465	1622	17.6	90 949	21 184	5 824	4 190	4 958			122 915	48 077			
18 994	16.9	17 720		15.8	13 782	426	1 037		254			15 499	−4 071			
13 238	16.5	12 420		15.4	6 891	227	294					7 412	481			
31 289	17.4	29 284	1081	16.3	17 531	21	720					18 273	5 289			
23 470	15.6	21 830		14.5	13 452	8	196					13 656	45 794			
13 463	17.4	12 199		15.8	10 973	990	76					12 038	4 115			
10 909	18.0	9 485		15.6	5 832	321	62					6 215	6 925			
23 200	17.1	22 162	541	16.3	10 681	350	1 279		566			12 876	−5 753			
6 736	21.2	6 277		19.8	4 818	1 341	378		901			7 439	−1 279			
24 652	19.9	23 959		19.3	6 991	17 498	1 782		3 236			29 506	−3 424			
165 950	17.4	155 335	1622	16.3	90 949	21 184	5 824	0	4 958	0	0	122 915	48 077			

附表 7 菏泽市平原区多年平均浅层地下水

行政分区名称		面积（km^2）		2 g/L＜M≤3 g/L						3 g/L＜M≤5 g/L		
地级	县级	合计	其中：计算面积	计算面积（km^2）	降水入渗补给量（万 m^3）	降水入渗补给量模数（万 m^3/km^2）	地表水体补给量（万 m^3）	地下水总补给量（万 m^3）	地下水补给量模数（万 m^3/km^2）	计算面积（km^2）	降水入渗补给量（万 m^3）	降水入渗补给量模数（万 m^3/km^2）
		A	$F=F1+F2+F3$	$F1$	(1)	(2)=(1)/F	(3)	(4)＝(1)+(3)	(5)＝(4)/$F1$	$F2$	(6)	(7)＝(6)/$F2$
湖西平原区	牡丹区	1 390	188	181	2 321	12.8	335	2 656	14.6	7	96	14.1
	定陶区	844	0	0	0	0	81	81				
	曹县	1 969	134	134	1 793	13.4	12	1 805	13.5			
	单县	1 666	130	130	2 049	15.8	3	2 051	15.8			
	成武县	996	204	204	3 525	17.3	457	3 983	19.5	0	0	0
	巨野县	1 305	664	664	9 499	14.3	1 285	10 784	16.2	0	0	0
	郓城县	1 590	239	204	2 663	13.1	912	3 575	17.6	36	431	12.0
	鄄城县	902	630	310	4 275	13.8	1 580	5 855	18.9	320	4 467	14.0
	东明县	1 087	102	102	1 417	13.9	678	2 095	20.5			
	小计	11 749	2 292	1 929	27 542	14.3	5 343	32 885	17.0	363	4 994	13.8
黄河干流区	东明县	280										
	牡丹区	22										
	鄄城县	128	50	50	667	13.3	0	667	13.3			
	郓城县	49										
	小计	479	50	50	667	13.3	0	667	13			
全市合计		12 228	2 342	1 979	28 209	14.3	5 343	33 552	16.9	363	4 994	13.8
湖西平原区	牡丹区	1 390	188	181	2 193	12.1	335			7	91	13.4
	定陶区	844	0	0	0	0	81					
	曹县	1 969	134	134	1 638	12.2	12					
	单县	1 666	130	130	1 774	13.7	3					
	成武县	996	204	204	2 948	14.4	457			0	0	0
	巨野县	1 305	664	664	8 683	13.1	1 285			0	0	0
	郓城县	1 590	239	204	2 594	12.7	912			36	420	11.7
	鄄城县	902	630	310	4 190	13.5	1 580			320	4 297	13.4
	东明县	1 087	102	102	1 304	12.8	678					
	小计	11 749	2 292	1 929	25 324	13.1	5 343	0	0	363	4 808	13.3
黄河干流区	东明县	280										
	牡丹区	22										
	鄄城县	128	50	50	647	12.9	0					
	郓城县	49										
	小计	479	50	50	647	12.9	0					
全市合计		12 228	2 342	1 979	25 972	13.1	5 343			363	4 808	13.3

总补给量（矿化度 $M > 2$ g/L，按行政分区）

			$M > 5$ g/L						
地表水体补给量（万 m^3）	地下水总补给量（万 m^3）	地下水补给量模数（万 m^3/km^2）	计算面积（km^2）	降水入渗补给量（万 m^3）	降水入渗补给量模数（万 m^3/km^2）	地表水体补给量（万 m^3）	地下水总补给量（万 m^3）	地下水补给量模数（万 m^3/km^2）	备注
(8)	(9) = (6) + (8)	(10) = (9) / F2	F3	(11)	(12) = (11) / F3	(13)	(14) = (11) + (13)	(15) = (14) / F3	
10	105	15.5							
9	440	12.3							
802	5 269	16.5							
820	5 814	16.0							
820									
10									
0									
0									
9									
802									
820									
820									

附表 8　菏泽市水资源分区年水资源总量特征值

水资源三级区	水资源四级区	计算面积（km^2）	统计年限	年数	统计参数			不同频率水资源总量（万 m^3）			
					年均值（万m^3）	C_v	C_s/C_v	20%	50%	75%	95%
湖西区	湖西平原区	11 749	1956 ~ 2016 年	61	183 408	0.45	2.00	250 229	173 518	124 831	72 714
			1956 ~ 2000 年	45	179 748	0.45	2.00	244 439	169 503	121 942	71 032
			1980 ~ 2016 年	37	170 270	0.43	2.00	232 281	163 677	119 700	71 810
花园口以下干流区间	黄河干流区	479	1956 ~ 2016 年	61	6 948	0.47	2.00	8 822	6 019	4 261	2 407
			1956 ~ 2000 年	45	6 831	0.49	2.00	8 788	5 900	4 109	2 249
			1980 ~ 2016 年	37	6 690	0.42	2.00	8 201	5 825	4 295	2 614

附表 9　菏泽市行政分区年水资源总量特征值

地级行政区	县级行政区	计算面积（km^2）	统计年限	年数	统计参数			不同频率地表水资源量（万 m^3）			
					年均值（万 m^3）	C_v	C_s/C_v	20%	50%	75%	95%
菏泽市	牡丹区	1 412	1956 ~ 2016 年	61	19 872	0.45	2.00	28 608	19 838	14 271	8 313
			1956 ~ 2000 年	45	19 545	0.46	2.00	27 995	19 257	13 743	7 884
			1980 ~ 2016 年	37	18 600	0.43	2.00	27 256	19 206	14 046	8 426
菏泽市	定陶区	844	1956 ~ 2016 年	61	14 850	0.53	2.00	20 388	13 243	8 918	4 573
			1956 ~ 2000 年	45	14 203	0.52	2.00	19 288	12 632	8 579	4 472
			1980 ~ 2016 年	37	14 052	0.52	2.00	19 497	12 770	8 672	4 521
菏泽市	曹县	1 969	1956 ~ 2016 年	61	37 425	0.47	2.00	53 882	36 767	26 027	14 702
			1956 ~ 2000 年	45	36 977	0.46	2.00	52 848	36 353	25 943	14 883
			1980 ~ 2016 年	37	34 357	0.46	2.00	49 710	34 195	24 403	14 000
菏泽市	单县	1 666	1956 ~ 2016 年	61	33 013	0.45	2.00	47 211	32 738	23552	13 719
			1956 ~ 2000 年	45	31 517	0.46	2.00	45 234	31 116	22 206	12 739
			1980 ~ 2016 年	37	30 573	0.44	2.00	43 813	30 627	22 216	13 134
菏泽市	成武县	996	1956 ~ 2016 年	61	17 415	0.61	2.00	21 610	13 812	9 141	4 537
			1956 ~ 2000 年	45	16 887	0.54	2.00	20 826	13 419	8 959	4 520
			1980 ~ 2016 年	37	15 731	0.54	2.00	19 425	12 516	8 356	4 216

续附表 9

地级行政区	县级行政区	计算面积（km^2）	统计年限	年数	统计参数			不同频率地表水资源量（万 m^3）			
					年均值（万 m^3）	C_v	C_s/C_v	20%	50%	75%	95%
菏泽市	巨野县	1 305	1956 ~ 2016 年	61	15 024	0.53	2.00	18 987	12 644	8 732	4 704
			1956 ~ 2000 年	45	14 707	0.53	2.00	18 850	12 244	8 245	4 228
			1980 ~ 2016 年	37	14 144	0.51	2.00	17 939	11 848	8 114	4 300
菏泽市	郓城县	1 639	1956 ~ 2016 年	61	26 093	0.63	2.00	36 722	21 966	13 538	5 828
			1956 ~ 2000 年	45	26 415	0.71	2.00	37 619	21 762	12 919	5 146
			1980 ~ 2016 年	37	24 224	0.60	2.00	33 971	20 834	13 189	5 998
菏泽市	鄄城县	1 030	1956 ~ 2016 年	61	8 780	0.70	2.00	14 338	8 088	4 661	1 751
			1956 ~ 2000 年	45	8 771	0.80	2.00	14 602	7 820	4 250	1 402
			1980 ~ 2016 年	37	8 267	0.66	2.00	13 338	7 782	4 663	1 893
菏泽市	东明县	1 367	1956 ~ 2016 年	61	17 882	0.39	2.00	23 383	17 018	12 850	8 164
			1956 ~ 2000 年	45	17 556	0.40	2.00	23 051	166 642	12 467	7 808
			1980 ~ 2016 年	37	17 012	0.36	2.00	21 964	16 376	12 658	8 387
菏泽市		12 228	1956 ~ 2016 年	61	190 355	0.45	2.00	258 965	179 576	129 189	75 253
			1956 ~ 2000 年	45	186 579	0.45	2.00	253 059	175 481	126 243	73 537
			1980 ~ 2016 年	37	176 960	0.43	2.00	240 523	169 485	123 947	74 358

附表 10　菏泽市平原区多年平均浅层地下水可开采量（矿化度 $M \leqslant 2$ g/L，按四级区套县）

年限	水资源分区	行政分区	平原区面积（km²）		地下水总补给量（万m³）	地下水资源量（万m³）	地下水可开采量（万m³）	地下水可开采量模数（万m³/km²）	地下水可开采量评价方法 *1	地下水适宜埋深 *2（m）	备注
	四级区	县级	合计	其中：计算面积							
			A	*F*	(1)	(2)	(3)	(4)=(3)/*F*	(5)	(6)	
2001～2016年	湖西平原区	牡丹区	1 390	1 099	19 826	18 551	14 869	13.5			
		定陶区	844	804	14 762	13 944	11 071	13.8			
		曹县	1 969	1 795	33 191	31 186	24 893	13.9			
		单县	1 666	1 506	26 420	24 780	19 815	13.2			
		成武县	996	773	15 167	13 903	11 375	14.7			
		巨野县	1 305	607	11 922	10 498	8 942	14.7			
		郓城县	1 590	1 310	22 461	21 423	16 845	12.9			
		鄄城县	902	239	4 887	4 428	3 665	15.3			
		东明县	1 087	960	19 316	18 624	13 274	13.8			
		小计	11 749	9 092	167 952	157 337	124 751	13.7			
	黄河干流区	东明县	280	280	6 294	6 294	4 721	16.9			
		牡丹区	22	22	498	498	373	17.0			
		鄄城县	128	78	2 040	2 040	1 530	19.6			
		郓城县	49	49	1 295	1 295	971	19.8			
		小计	479	429	10 127	10 127	7 595	17.7			
	全市合计		12 228	9 521	178 080	167 465	132 346	13.9			
1980～2016年	湖西平原区	牡丹区	1 390	1 099	18 510	17 235	13 883	12.6			
		定陶区	844	804	13 238	12 420	9 929	12.3			
		曹县	1 969	1 795	31 289	29 284	23 467	13.1			
		单县	1 666	1 506	23 470	21 830	17 603	11.7			
		成武县	996	773	13 463	12 199	10 097	13.1			
		巨野县	1 305	607	10 909	9 485	8 182	13.5			
		郓城县	1 590	1 310	21 937	20 900	16 453	12.6			
		鄄城县	902	239	4 750	4 291	3 563	14.9			
		东明县	1 087	960	18 569	17 876	12 526	13.1			
		小计	11 749	9 092	156 136	145 520	115 701	12.7			
	黄河干流区	东明县	280	280	6 083	6 083	4 562	16.3			
		牡丹区	22	22	484	484	363	16.5			
		鄄城县	128	78	1 985	1 985	1 489	19.1			
		郓城县	49	49	1 262	1 262	947	19.3			
		小计	479	429	9 815	9 815	7 361	17.2			
	全市合计		12 228	9 521	165 950	155 335	123 062	12.9			

附表 11　菏泽市水资源分区多年平均水资源可利用量和可利用率成果表

地级行政区	水资源三级区	计算面积（km^2）	年限	地表水资源量（万m^3）	水资源总量（万m^3）	河道内生态环境需水量（万m^3）	生态需水比（%）	地表水源可利用量（万m^3）	地表水资源可利用率（%）	平原区地下水可开采量（万m^3）	山丘区地下水可开采量（万m^3）	重复量（万m^3）	水资源可利用总量（万m^3）	水资源总量可利用率（%）	其中跨一级区调水形成的可利用量（万m^3）	备注
(1)	(2)	(3)		(4)	(5)	(6)	(7)	(8)	(9)	(10)	(11)	(12)	(13)	(14)	(15)	(16)
菏泽市	湖西区	11 749	1980 ~ 2016 年	52 833	170 270	9 138	17.3	43 695	82.7	115 701		28 083	131 313	77.1		
菏泽市	湖西区	11 749	2001 ~ 2016 年	64 732	193 701	9 138	14.1	55 595	85.9	124 751		28 369	151 977	78.5		
菏泽市	花园口以下干流区间	479	1980 ~ 2016 年	1 833	6 690	110	6.0	1 723	94.0	7 361		4 957	4 127	61.7		
菏泽市	花园口以下干流区间	479	2001 ~ 2016 年	2 106	7 276	110	5.2	1 996	94.8	7 595		4 958	4 634	63.7		

注：(3) 计算面积按地表水资源评价面积填报；(6) 根据河流情况和生态环境保护要求分析计算，且在 (16) 中备注采用的是基本或目标生态环境需水量；(7)=(6)/(4)；(8)=(4)-(6)；(9)=(8)/(4)；(10)、(11) 采用地下水可开采量；无 (11) 项或数量可忽略的流域可不考虑此项；(13)=(8)+(10)+ (11)-(12)；(14)=(13)/(5)。

附 图

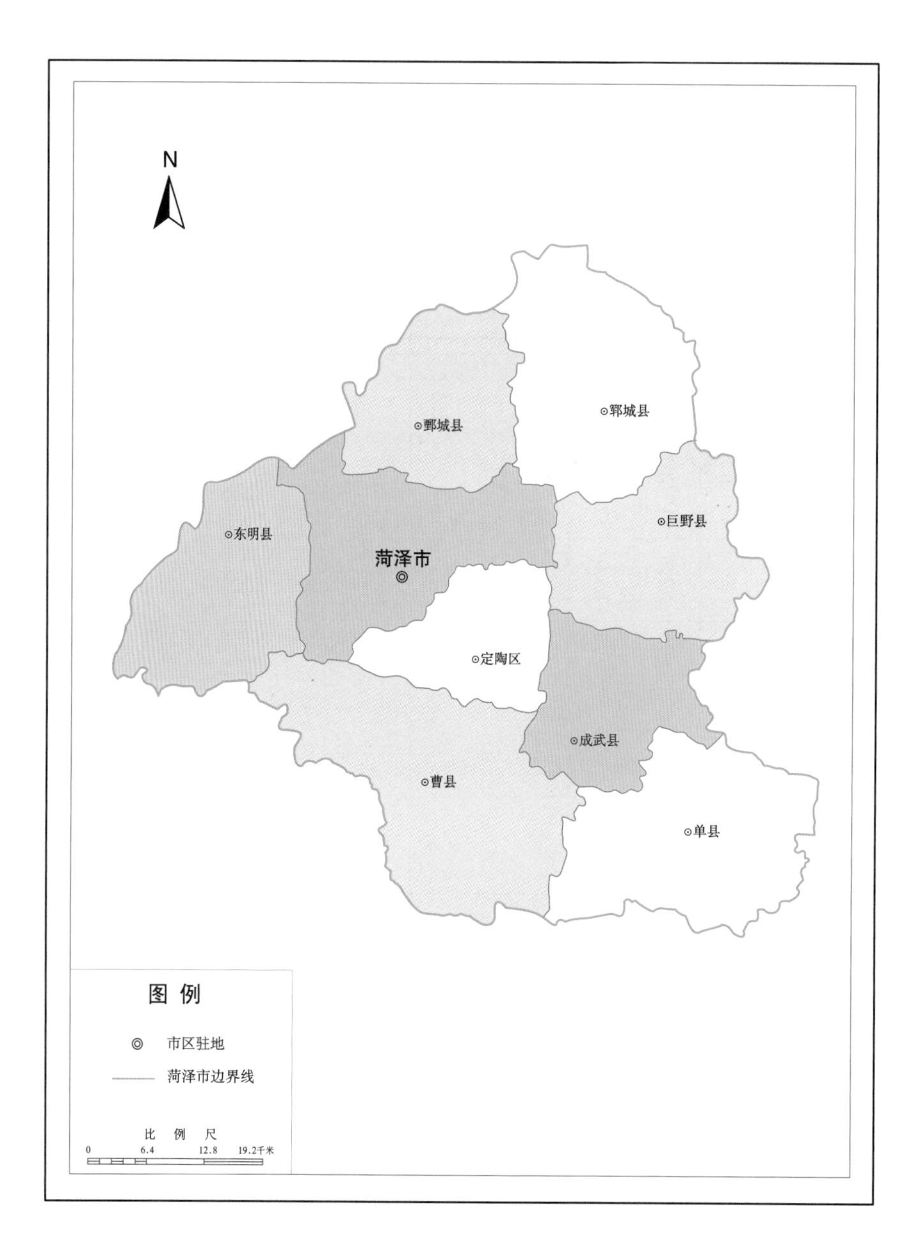

附图1 菏泽市行政区划图

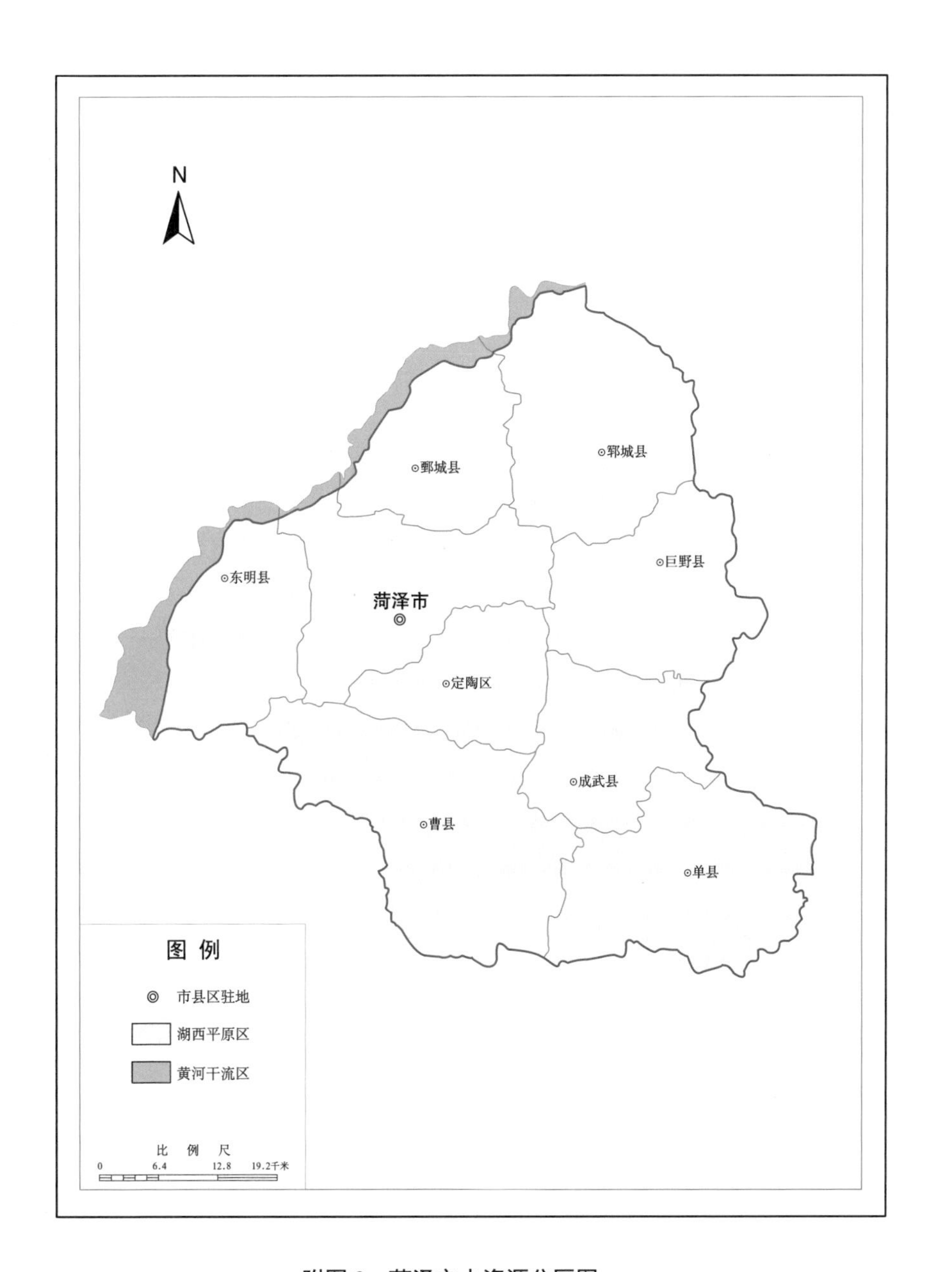

附图2　菏泽市水资源分区图

附图3　菏泽市1956~2016年年降水量等值线图

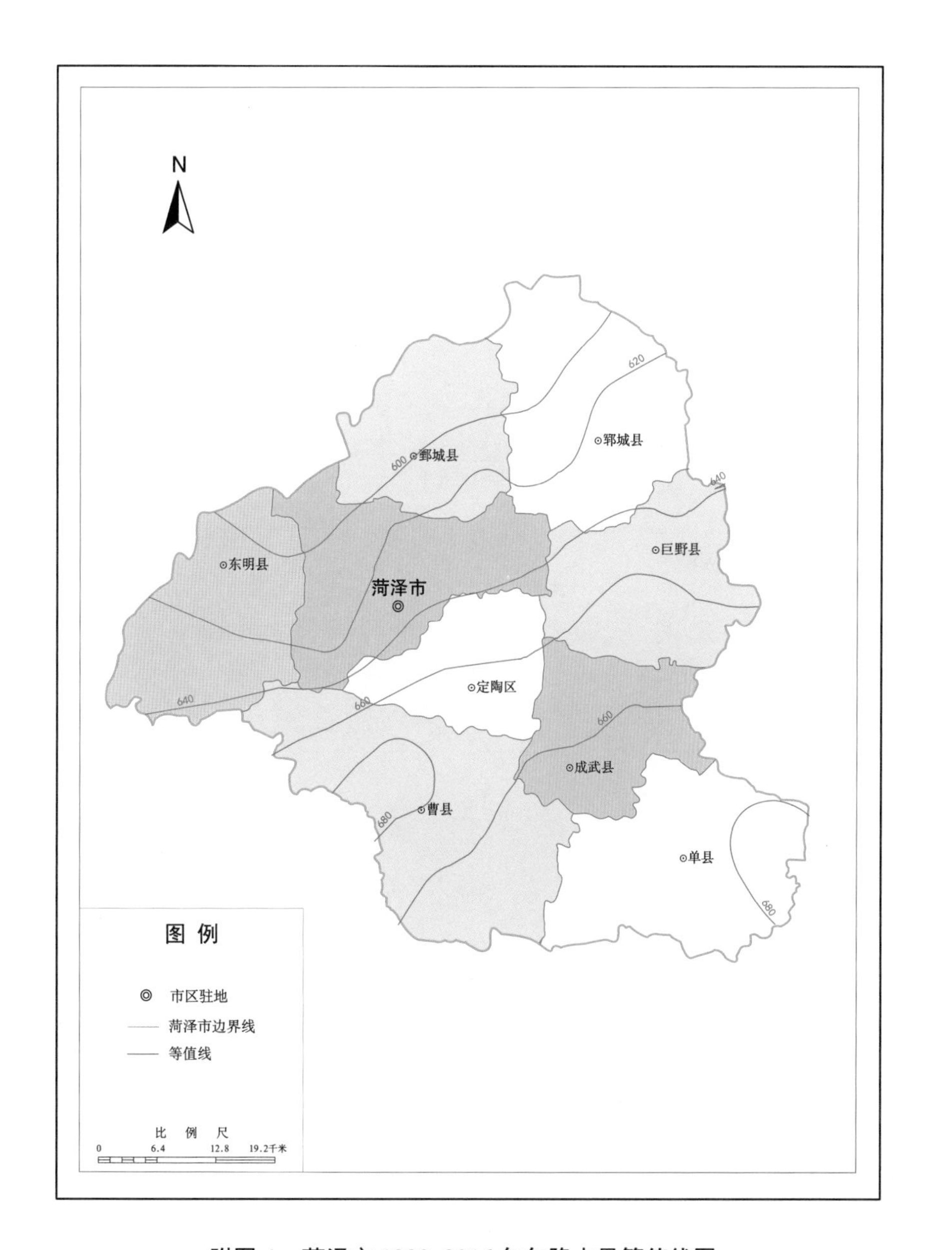

附图 4　菏泽市 1980~2016 年年降水量等值线图

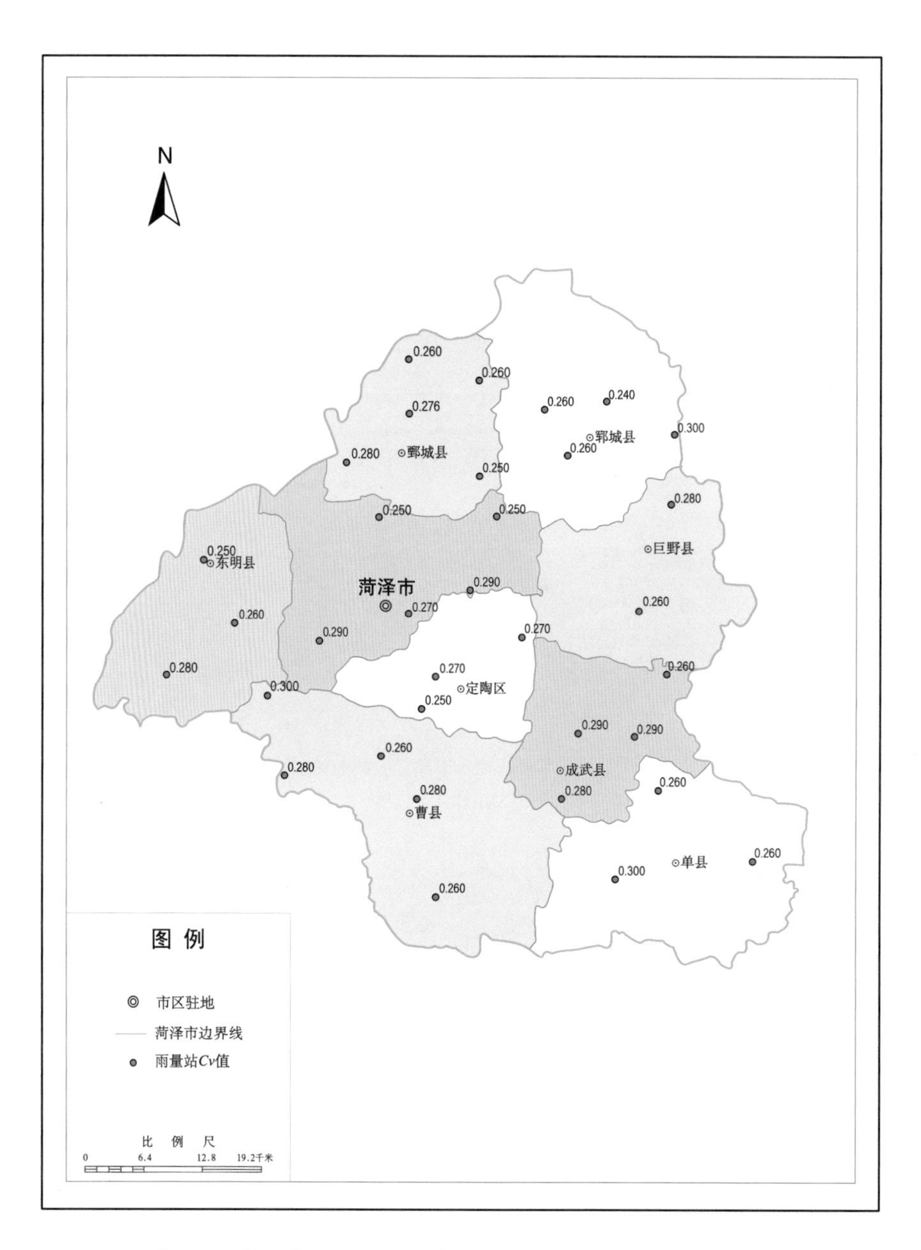

附图5　菏泽市1956~2016年年降水量变差系数 C_v 值分布图

附图 6　菏泽市 1980~2016 年年降水量变差系数 C_v 值分布图

附图 7　菏泽市 1980~2016 年多年平均水面蒸发量分布图

附图 8　菏泽市 1980~2016 年多年平均干旱指数分布图

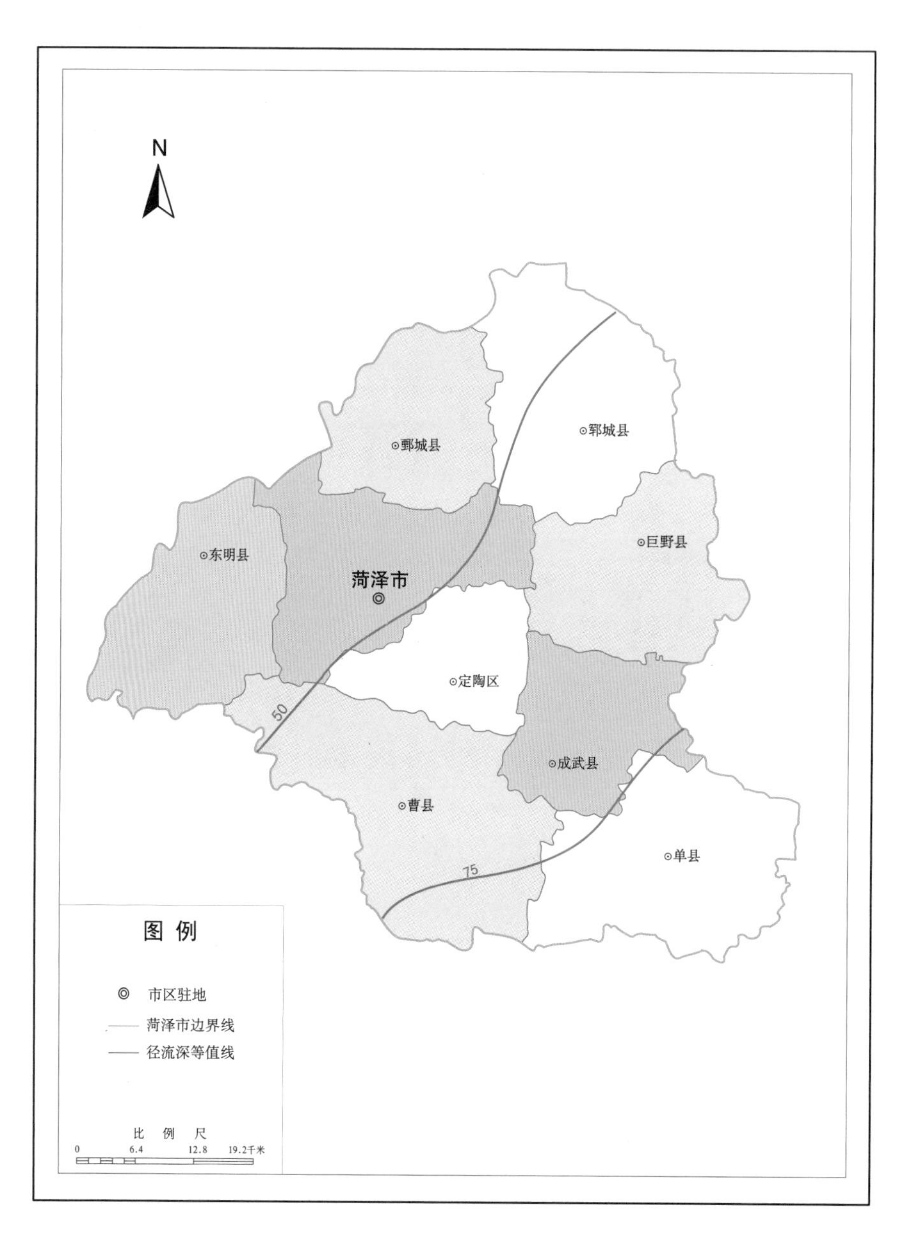

附图9 菏泽市1956~2016年平均年径流深等值线图

附图 10 菏泽市 1980~2016 年均年径流深等值线图

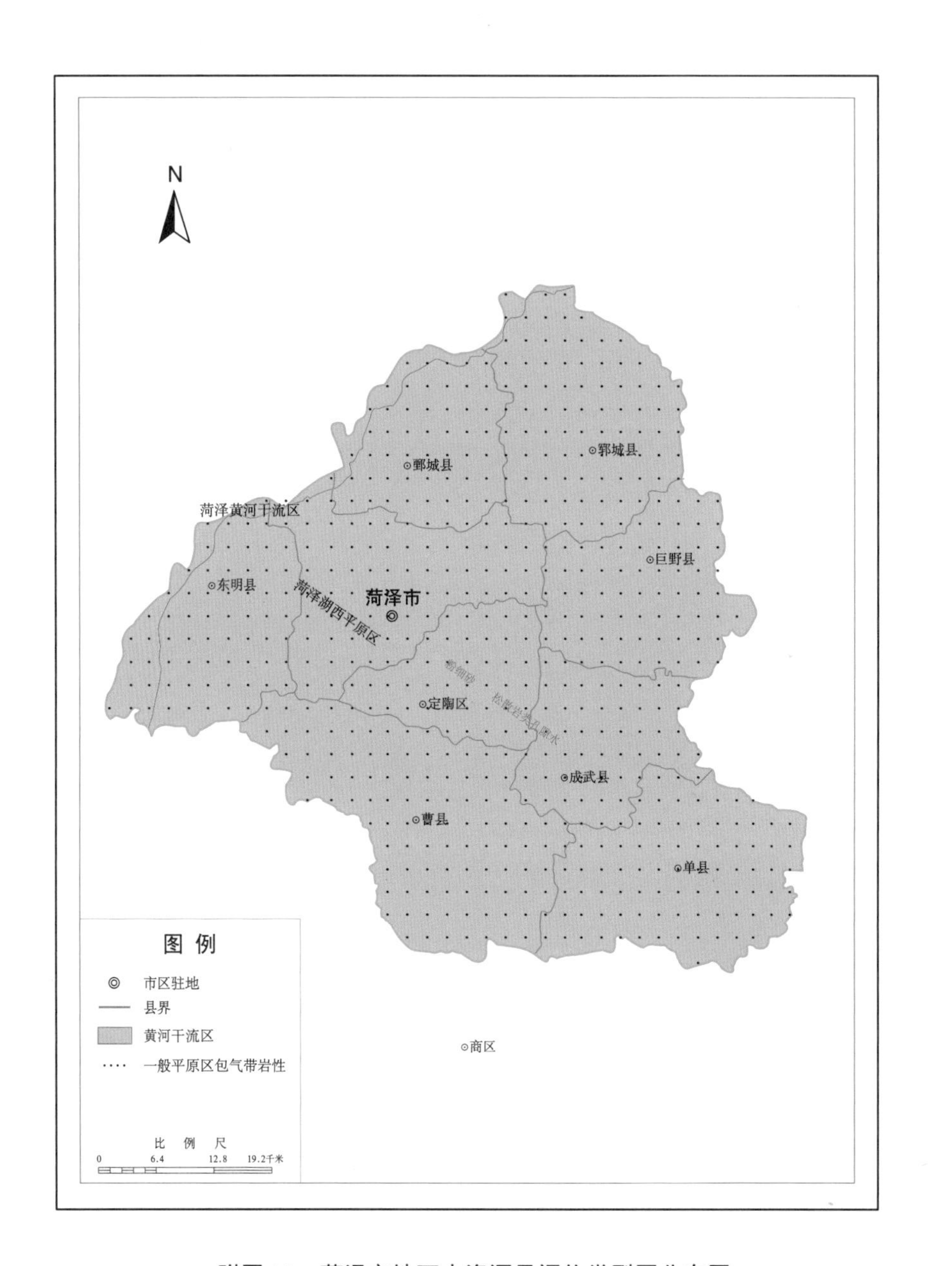

附图11　菏泽市地下水资源量评价类型区分布图

附图 12 菏泽市 2001~2016 年浅层地下水埋深变化分区图

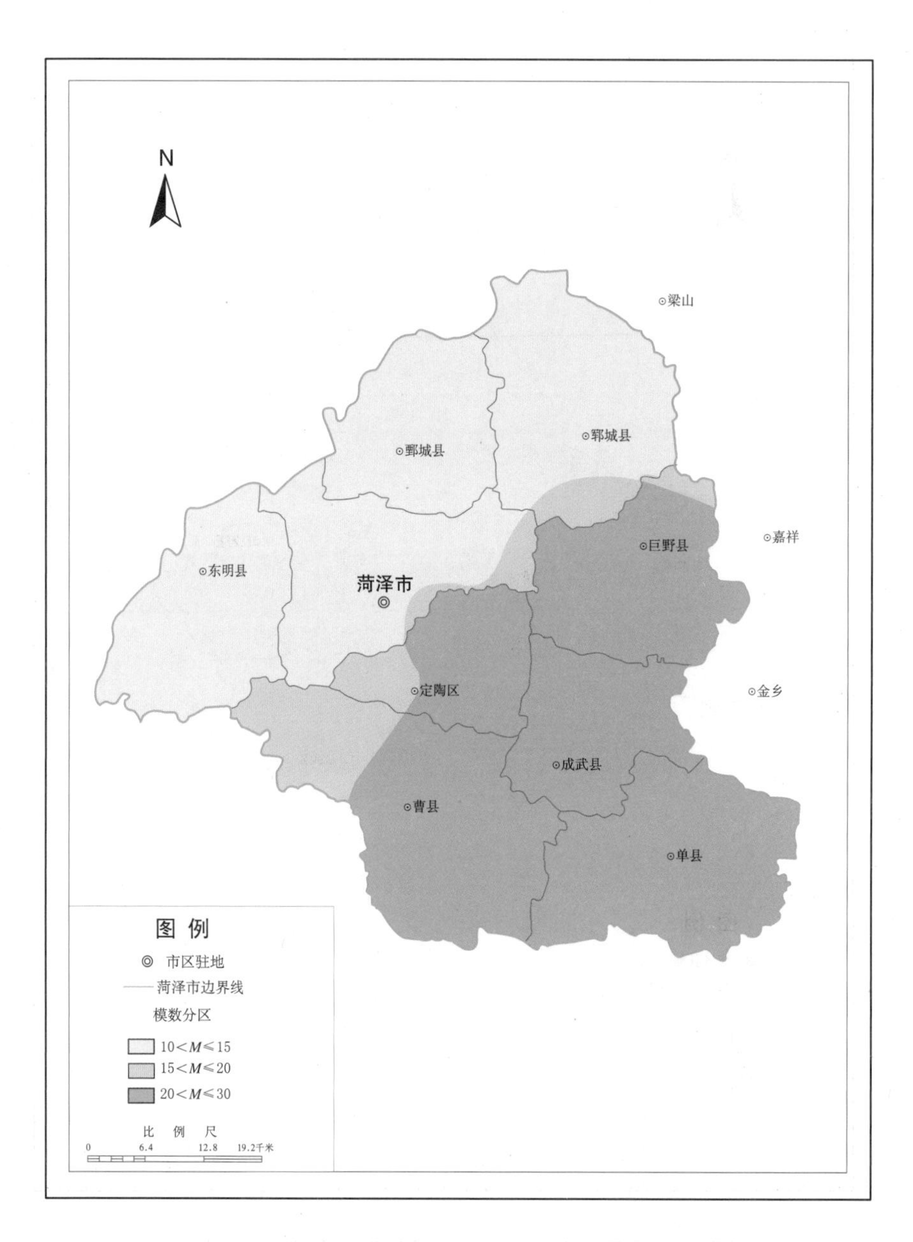

附图 13 菏泽市多年平均降水入渗补给量模数分区图

附图14 菏泽市多年平均地下水资源量模数分区图

附图 15　菏泽市多年平均浅层地下水可开采量模数分区图

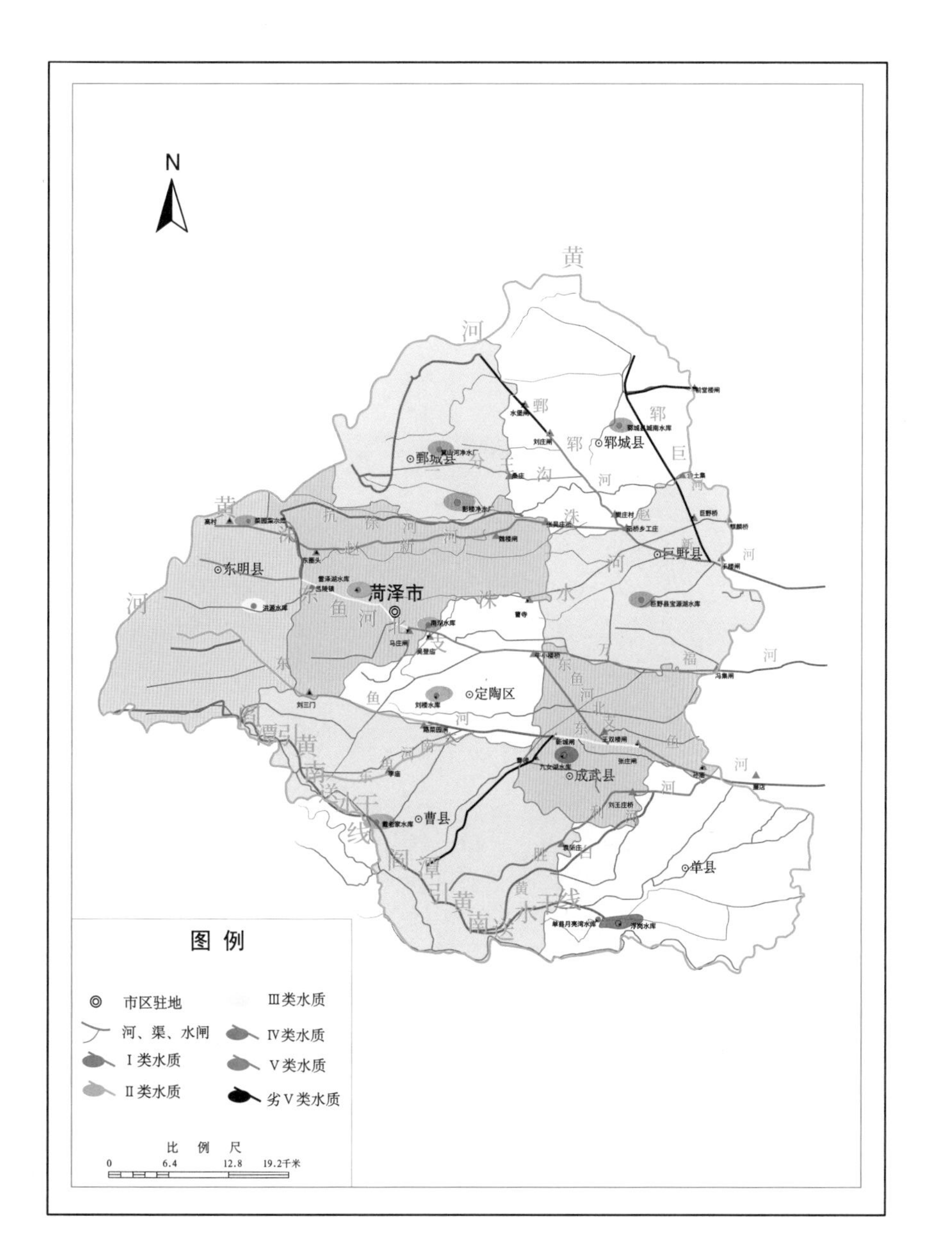

附图 16　菏泽市地表水质评价成果图

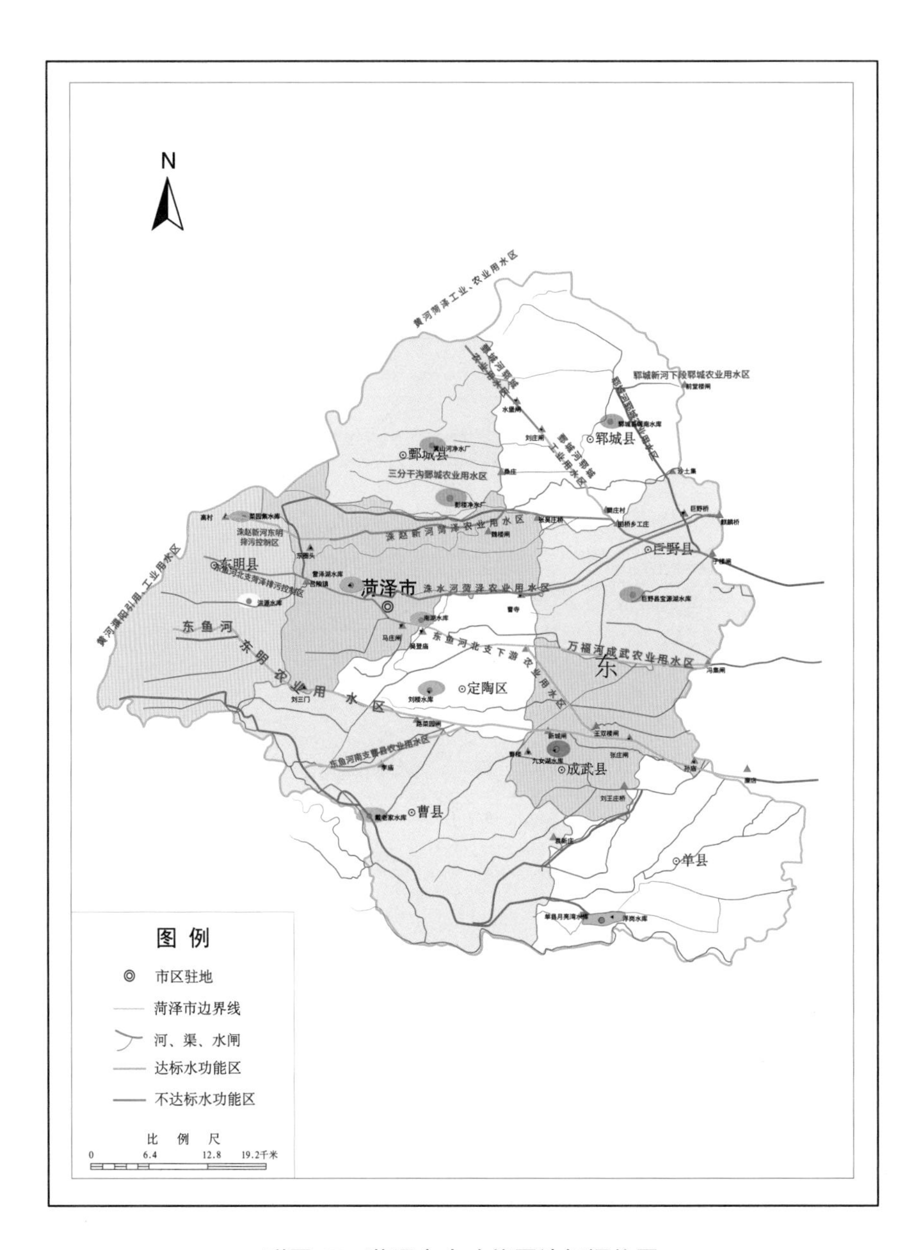

附图17　菏泽市水功能区达标评价图

附图 18　菏泽市浅层地下水化学类型分布图

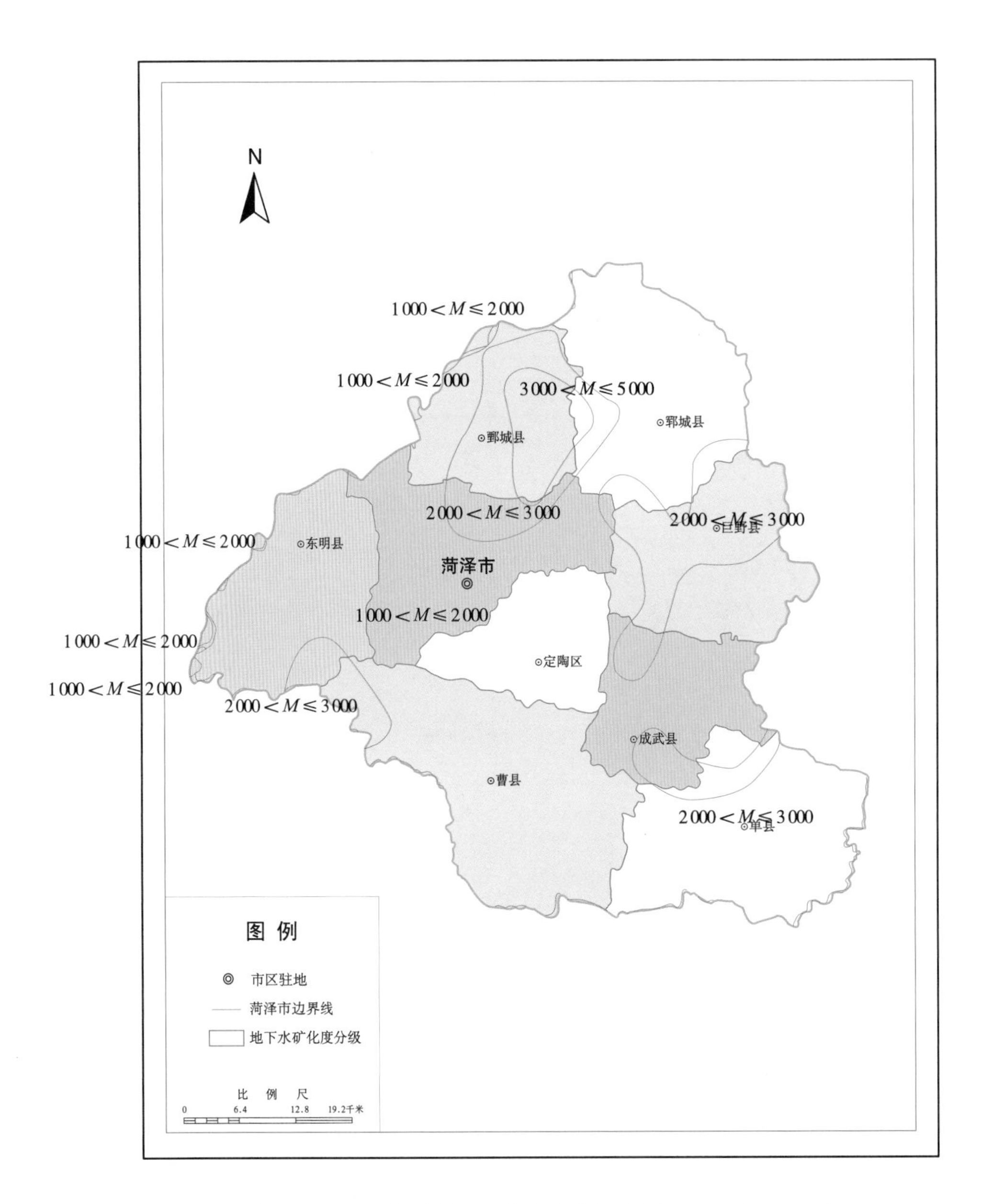

附图19　菏泽市浅层地下水矿化度分布图　（单位：mg/L）

附图 20 菏泽市浅层地下水 pH 分布图

附图 21　菏泽市浅层地下水监测井现状水质类别分布图

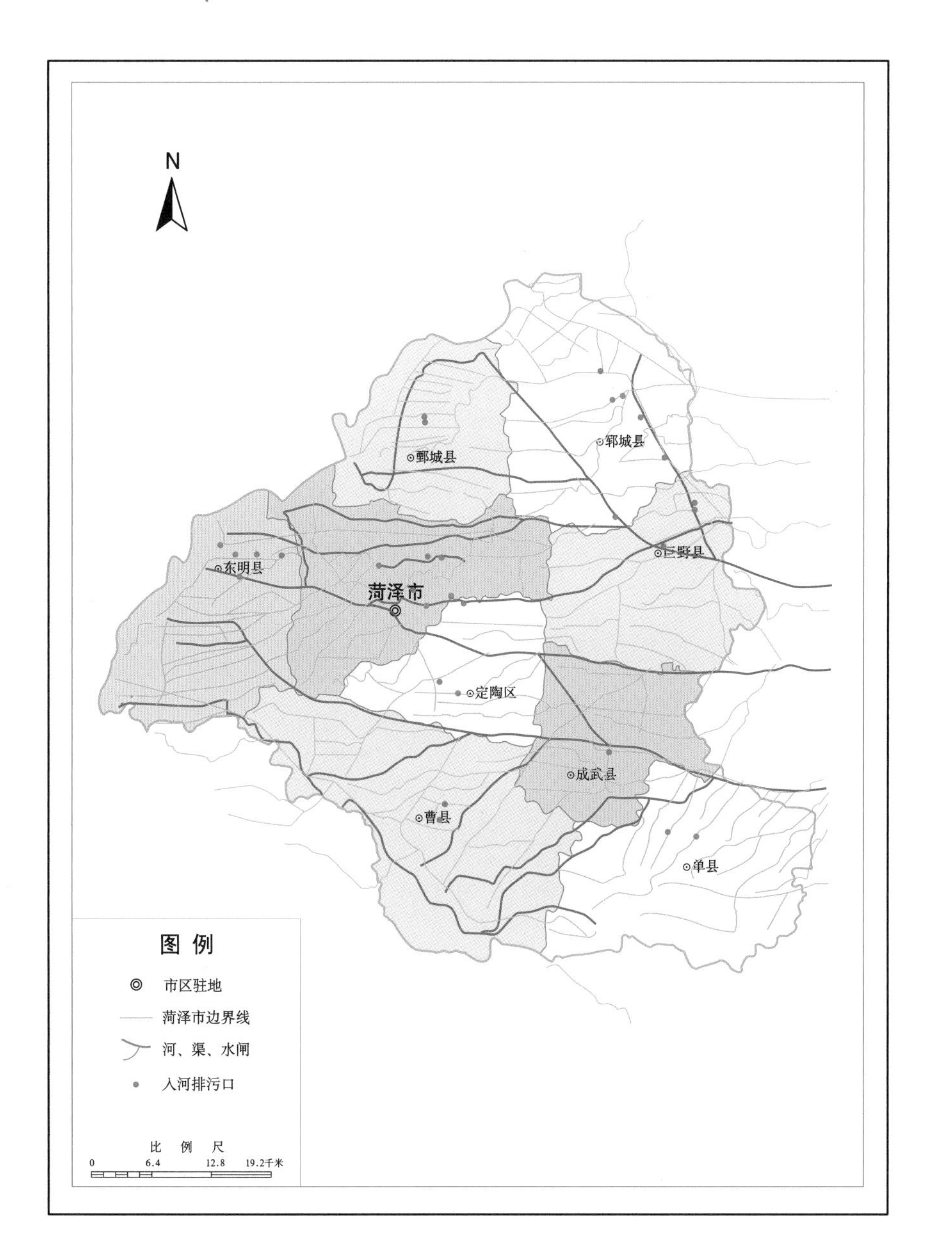

附图 22　菏泽市入河排污口分布图

附图 23 菏泽市主要河道断流情况分布图

附图 24　菏泽市深层地下水超采区分布图

参 考 文 献

[1] 曹剑峰，迟宝明，王文科．专门水文地质学 [M]. 北京：科学出版社，2006.

[2] 薛禹群．中国地下水数值模拟的现状与展望 [J]. 高校地质学报，2010,16(1)：1–6.

[3] 郭晓东，田辉，张梅桂，等．我国地下水数值模拟软件应用进展 [J]. 地下水，2010,32(4)：5–7.

[4] 刘柱，孙霞，李楠．国内外水资源评价的研究现状 [J]. 科技创新与应用，2020(17)：53–54.

[5] 伍立群，王超，李学辉．云南省水资源综合规划水资源调查评价专题报告 [R]. 昆明：云南省水利厅，2007.

[6] 董维红，林学钰．浅层地下水氮污染的影响因素分析——以松嫩盆地松花江北部高平原为例 [J]. 吉林大学学报：地球科学版，2004, 34(2)：231–235.

[7] 李志萍，冯翠红，沈照理，等．长期排污河中的 COD 对其相邻浅层地下水的影响研究 [J]．灌溉排水学报，2004, 23(1)：47–51.

[8] 刘福兴．三江平原土壤因子及其环境地质问题 [J]．黑龙江水专学报，2004, 31(3).

[9] 邢贞相，付强，孙兵．三江平原水土流失现状影响因素和防治措施 [J]．农机化研究，2004(3)：64–66.

[10] 陶月赞 .2001 年淮河干流蚌埠闸上水质性缺水评价 [J]. 水资源保护，2002(2)：30–31.

[11] KPAИHOBCP, 王焰．污染物质影响地下水化学成分变化的地球化学和生态学后果 [J]．地质科学译丛，1992, 9(1).

[12] 杨洁，林年丰．内蒙古河套平原砷中毒病区砷的环境地球化学研究 [J]．水文地质工程地质，1996,23(1)：49–54.

[13] 王志刚，温永左，董惠民，等．松辽流域地下水资源 [J]．东北水利水电，2003, 21(7)：29–31.